徐書俊，馬銀春 著

成交大師的口才訓練

打理儀容 × 投其所好 × 交情投資 × 攀談策略

推銷不是只出一張嘴
還有很多你忽略的細節！

不管是銷售業、保險業，業務最希望與客戶多多「成交」，
但想好好跟客戶推銷，卻因口才不好、找不到方法頻頻碰壁？
每天穿的襯衫皺巴巴沒時間整理、客戶一開口就說對你沒興趣？

銷售好比搭訕，尷尬就很完蛋！
不怕「被拒絕」、打造良好形象、注重交談細節……
買賣不是這麼容易的事，先從找對方法開始！

目 錄

目錄

第 3 章　確立目標，永遠朝著最亮的星星走

第 4 章　提升形象，推銷產品先要推銷自己

第 5 章　注重細節，讓客戶和你做永久的生意

目錄

目錄

前言

　　銷售就像一場沒有硝煙的戰鬥，每個有理想的銷售員都渴望成為名副其實的冠軍。

　　可是，希望是美好的，現實卻是殘酷的，在現實中仍有許多銷售人員的業績不盡如人意，他們與銷售高手相差懸殊。有調查發現，通常那些超級銷售員的業績是一般銷售員的 300 倍。在眾多的企業裡，80%的業績是由這 20%的菁英銷售員創造出來的，而這 20%的銷售員也並非天生就是銷售冠軍，他們之所以能取得如此傲人的業績，就在於他們擁有邁向成功的方法。

　　當然，每一個銷售員都渴望自己能夠成為人人矚目的冠軍，都渴望能夠輕鬆地完成制定的銷售目標，都想知道怎樣才能夠取得成功的方法。但是，羅馬不是一天造成的，銷售冠軍也不是一蹴而就的。每一個銷售冠軍都是經歷過無數的磨難，並在磨難中汲取失敗的教訓而一步步地走向成功的，也就是說每一個銷售冠軍都是經過長時間的磨練造就的。那麼，到底應該怎樣做才能夠成為一個名副其實的銷售冠軍呢？

　　一個優秀的銷售員一定要懂得放對自己的心態，相信自己的能力，並且像熱愛生命一樣熱愛自己所從事的工作。與此同時，還必須對銷售工作保持足夠的熱情，不論遇到什麼困難挫折都能夠堅持下去。

　　一個優秀的銷售員應該充分地了解自己的客戶，並且能夠設身處地地站在客戶的角度思考問題。與此同時，還要尊重自己的客戶，根據客戶的喜好採取靈活的溝通方式。

　　一個優秀的銷售員應該為自己設立一個明確的目標，並且為之付出不懈的努力。

前言

　　一個優秀的銷售員應該懂得注重自己的職業形象，讓良好的第一印象為自己創造輝煌的銷售業績。

　　一個優秀的銷售員一定要注意做事的細節，認真地做好銷售過程中的每一個環節，從而為取得最後的成功奠定扎實的基礎。

　　一個優秀的銷售員一定要懂得投其所好，一定要懂得用好口才來打動客戶的心，從而讓客戶乖乖地為你掏腰包。

　　一個優秀的銷售員一定要運用策略，要懂得用人脈關係來為自己打天下。

　　一個優秀的銷售員一定要懂得掌控好自己的時間，一定要成為一個談判高手，一定要時時刻刻都懂得為自己的客戶服務。

　　……

　　也許，當你真正做到這些的時候，你便會發現成功離自己越來越近，你便會相信有朝一日一定會成為銷售冠軍的。

第 1 章
放對心態，熱愛銷售事業

做銷售一定要有自信心

自信是銷售員取得成功的保證。每一個優秀的銷售員都要培養出阿基米德「給我一個支點，我將舉起地球」的那種無比的自信，只有這樣，才能創造出輝煌的業績。

自信是銷售菁英與平庸銷售員的分水嶺。平庸的銷售員由於缺乏自信，經常否定自己，不能深入挖掘自身的潛力。諸如認為自己的口才不佳、反應遲鈍等藉口都是缺乏自信的表現，導致他在客戶面前面紅耳赤、吞吞吐吐，不能與客戶正常交流，以致銷售業績停滯不前。

而銷售菁英的表現就大不相同，他們通常自信滿滿，對自己暫時不能達到的高度，也能自信地列出計畫，多聽多看多學，把每次與客戶的交談當做一次鍛鍊自己、提升自己的機會。他們一般可以與客戶很好地交流，給客戶留下深刻的印象。在一般情況下，銷售人員的自信心程度，往往決定了客戶對公司產品的信心，也是最終決定客戶是否購買產品的關鍵。

自信是成功的先決條件。你只有對自己充滿自信，在客戶面前才會表現得落落大方，胸有成竹，你的自信才會感染、征服消費者，客戶對你銷售的產品才會充滿信任。因此，樹立起必勝的信念，並將其恰當地展現給客戶，讓他們感受到你充滿信心、活力和希望的精神狀態，就會使客戶對你頓生好感，那麼距離成功就不會太遠了。

銷售員小程就是靠著對所銷售產品的強烈自信心征服了最難對付的客戶。

小程是醫療器械銷售員。剛到公司時，他很有自信，向經理提出不要薪水，只按銷售額抽取佣金。經理輕視地笑了笑，答應了他的請求。

上班的第一天，小程列出一份名單，準備去拜訪那些其他銷售員以前沒有洽談成功的客戶。

在去拜訪之前，小程大聲地說：「我們的醫療器械是同行中最棒的，我一定要為客戶提供最棒的產品，一個月內，這些最難對付的客戶一定會被產品征服！」重複了三遍後，小程懷著對產品堅定的信心去拜訪客戶了。

第一天，他和十個「不可能的」客戶中的兩個談成了交易；第二天，他又成交了一筆交易……到第一個月的月底，只有一個客戶還沒有購買他的產品。

在第二個月裡，每天小程都去拜訪那位拒絕他的客戶。每次，這位客戶都拒絕了他的請求。但是，小程並沒有因此而氣餒，繼續前去拜訪。

直到那個月的最後一天，已經連著說了 30 天「不」的客戶說：「你已經浪費了一個月的時間了！我現在想知道你為何要堅持這樣做。」小程說：「我並沒有浪費時間，因為我一直堅信我們的產品是最好的，堅信產品會給您帶來好處，您一定會成為我的客戶。」

客戶點點頭說：「你的自信確實征服了我。」於是，他和小程簽約訂單了。小程就是這樣完全憑著對產品有信心達到了自己預期的銷售目標。

從這個案例中，我們可以得出，對產品的信心是與客戶在心理博弈中必不可少的素養，信心可以為我們的商品增色許多，甚至在有些客戶看來，對產品的信心本身比產品還要重要。所以，銷售員要想贏得客戶對產品的青睞，就一定要相信自己的產品。

有一位心態很積極的銷售員，當受到客戶的拒絕時，他並沒有垂頭喪氣，當他站起來，準備告別時，向客戶深深地鞠了一躬，說：「謝謝您，您讓我向成功又邁進了一步。」

客戶覺得很意外，心想：我把他拒絕得那麼乾脆，他為什麼還要謝我呢？他好奇地問銷售員：「為什麼你被我拒絕了還要說謝謝？」

那位銷售員一本正經地說：「我的主管告訴我，當我遭到 40 個人的拒絕時，下一個就會成交了。您是拒絕我的第 39 個人，再多一個，我就成功了。所以，我當然要謝謝您。您給了我一次機會，幫我加快了邁向成功的步伐。」

那位客戶很欣賞銷售員積極樂觀的心態，就決定購買其產品，還為他介紹了其他幾位客戶。

另外，銷售員一定要相信自己的工作能力，相信自己所銷售的產品及服務，懷著我們是為了滿足客戶的需要、給客戶帶來利益的心態來拜訪客戶，而不是乞求客戶的幫助。這樣，緊張和擔心自然就消除了，也就更能承受客戶的拒絕。

- ▶ **對自己有信心**：學會在工作的點滴中體會成就感。你只有每天去體會成就，才有信心與勇氣繼續走下去！自信絕不等同於自傲。與自傲那種腹中空空、頭重腳輕的感覺截然不同，自信根生於有學識、有能力的運籌帷幄和決勝千里的感覺。
- ▶ **對銷售職業有信心**：銷售不是一種卑微的職業，是一種高尚、有意義的職業，是一種為客戶謀福利、提供方便的職業。要正確了解銷售員這個職業，對這一職業充滿信心。
- ▶ **對公司有信心**：相信所屬的公司是一家有前途的公司，是時刻為客戶提供最好的商品與服務的公司。
- ▶ **對商品有信心**：在整個銷售過程中，不要對你銷售的商品產生懷疑，要相信你銷售的商品是優秀的商品。一些業績不好的銷售員將原因歸咎於商品方面。然而，任何一家公司、任何一種商品都有銷售業績突出的銷售員，每個公司都有銷售冠軍。

身為一名優秀的銷售員要學的東西很多，正所謂態度決定選擇，選擇決定行為，行為決定報酬，報酬決定生活。

對工作自始至終都要保持熱情

剛剛進入職場的銷售新人需要熱情，熱情可以彌補銷售經驗和銷售技巧的不足。銷售工作之所以要反覆強調熱情，就是要告訴每一個銷售員，熱情對一個銷售員來說是無比重要的，對銷售新人如此，對老鳥的銷售員更是如此。

很多人認為，一個人很少能夠同時具有熱情和經驗，也就是說擁有足夠的經驗時，就會失去熱情，假設一個剛剛入行的銷售員接受完培訓，沒什麼經驗，急於做生意，但卻很少有機會出門。他對產品幾乎是一無所知。但使人感到震撼的是，他沒有出門，卻做成了一筆又一筆的生意。原因就在於，他擁有極大的熱情，他每時每刻都在和客戶談生意。

過了一段時間，這個新的銷售員成了老手。他學到的東西越來越多，他的經驗越來越豐富。他已經非常了解自己的產品，他信心十足，精通銷售。這時，他接受挑戰的欲望開始減退，他對事情不再驚疑，熱情的火苗漸漸熄滅，這個新的銷售員變成了一個庸庸碌碌，無所作為，沒有稜角的銷售員。

熱情是一種巨大的力量。也許你的精力不是很充沛，也許你的個性不是很堅強，但是一旦你擁有了熱情，並好好地利用他，你便可以克服一切艱難險阻。

你也許很幸運，天生即擁有熱情，或者不太幸運，必須透過努力才能獲得。但是，沒有關係，因為發展熱情的方法十分簡單 —— 從事自己喜歡的工作。如果現在你仍然覺得自己非常討厭銷售這份工作，那麼還有兩

種方法讓你擁有熱情，你現在是否有了你自己的理想職業，你可以把它作為你的目標，但是不要忘了，你想從事任何其他工作的前提就是你必須擁有一個成功的經歷，那就是你先要做一個成功的銷售員，只有這樣你所夢想的工作才會向你招手。或許你現在根本不知道自己到底喜歡什麼樣的工作，那麼還有一個辦法，很簡單，那就是你完全可以讓自己愛上這份工作，也許你並不是非常討厭它，或許你根本沒有發現你所從事的工作的本質。

熱情是世界上最大的財富。它的價值遠遠超越了金錢和權勢。熱情可以推倒偏見和敵意，摒棄懶惰，掃除障礙。

或許你已經是一個非常熱情的銷售員，只是還不足以去讓客戶感受到你的熱情。你只是在自己的心中為熱情留了那麼一個小小的空間。對一個胸懷大志的人來說，若只有那麼一點點熱情是不夠的，所以，增強你的熱情是必須的。

美國通用食品公司總裁弗朗克說：「你可以買到一個人的時間，也可以買到一個人指定的工作職位，還可以買到按時計算的技術操作，但你買不到熱情，而你又不得不去爭取這些。」

塞克斯是美國麻薩諸塞州強森公司的一個銷售員，憑著高超的銷售技巧，他叩開了無數經銷商森嚴壁壘的大門。有一天，他路過一家商場，進門後先向店員做了問候，然後就和他們聊起天來。透過閒聊，他了解到這家商場有許多不錯的條件，於是想把自己的產品推銷給他們，但卻遭到了商場經理的嚴厲拒絕，經理直言不諱地說：「如果進了你們的貨，我們是會虧損的。」塞克斯怎麼肯甘休，他動用了各種技巧試圖說服經理，但嘴皮都快磨破了卻一點用也沒有，最後只好十分沮喪地離開了。他開著車在街上轉了幾圈後決定再去商場。當他重新走到商場門口時，商場經理竟滿

面笑容地迎上前，不等他辯說，經理馬上決定訂購一批產品。

這突如其來的喜訊，塞克斯不知道這是怎麼回事，最後商場經理道出了緣由。他告訴塞克斯，一般的銷售員到商場來很少與營業員聊天，而塞克斯首先與營業員聊天，並且聊得那麼融洽；同時，被他拒絕後又重新回到商場來的銷售員，塞克斯是第一位，他的熱情感染了經理，為此也征服了經理，對於這樣的銷售員，經理還有什麼理由再拒絕呢？

一個銷售員成功的因素有很多，而居於這些因素之首的就是熱情。沒有熱情，不論你具有什麼樣的能力都發揮不出來，因此也難以取得成功。成功是與熱情緊緊連繫在一起的，要想成功，就要讓自己永遠沐浴在熱情的光環裡。

那麼，我們到底應該怎樣做才能讓自己更充滿熱情呢？

1 深入了解每個問題

這個練習是幫助你建立「對某種事物的熱心」的關鍵。簡單地說就是，你想要知道自己對什麼事物熱心，就必須先學習更多你目前尚不熱心的事。因為了解越多越容易培養興趣。當你下次無法進行正確的選擇時，當你發現自己不耐煩的時候，想想這個原則。只有進一步了解事情的真相，才會挖掘自己的興趣。

2 做事要充滿熱情

你對所從事的工作是否有熱情或者是否感興趣，都會很自然地在你的行動上表現出來。你和某人握手時要緊緊地握住對方的手說：「非常高興能夠認識你。」而那種畏畏縮縮的握手方式還不如不握，這種方式只能讓人覺得你是個死氣沉沉的人，沒有一點好感。如果你的微笑可以活潑一點

的話，那將更加能夠表現你的熱情。當你對別人說「謝謝你」的時候，要真心實意地說。你的談話也必須生動誘人。著名的語言學權威班得爾博士說：「你說的『早安』是不是讓人覺得很舒服？你說的『恭喜你！』是不是出於真心呢？你說的『你好嗎？』時的語氣是不是讓人更高興呢？一旦當你說話時能自然而然地滲入真誠的情感，你就已經擁有引人注意的良好能力了。」

3　傳遞好消息

每天回家時盡量把好消息帶給家人分享，告訴他們今天所發生的值得高興的事情。盡量討論有趣的事情，同時把不愉快的事情拋在腦後。也就是說，只能散布好消息，把好消息告訴你的家人和同事。要多多鼓勵他們，每一個場合都要好好地誇獎他們一下，要知道，優秀的銷售員專門傳播好消息，每個月都去拜訪自己的客戶，並且經常把好消息帶給別人。長此以往，別人也非常樂意看到你，因為見到你彷彿就是見到好消息了。

4　培養客戶至上的態度

每一個人，無論他默默無聞或身世顯赫，文明或野蠻，年輕或年老，都希望自己能夠成為重要人物，正如你少年時期的那些美妙夢想。這種願望是人類最強烈、最迫切的一種目標。你有沒有想過為什麼你總是看見這樣的廣告詞：「精明的少婦都使用……」、「白領階層的人士都會使用……」、「想成為人人羨慕的對象就要使用……」其實這些廣告詞不外乎是在不斷告訴大家：購買此商品就會進入上流社會，讓人感到心滿意足，因此值得你去購買。這樣的廣告最本質的事實是，精明的廣告商都了解「人人都希望獲得名譽、地位以及被人認可」。

所以，建議你運用這樣一個心理暗示，每天都對自己說：「我要變得熱情！」並讓這個自我激發深入到潛意識中去。那麼，當你在奮鬥過程中精神不振的時候，這個激發詞就會進入到你的意識中，也就是說一旦時機到來，這樣的潛意識就會激勵你採取熱情的行動，變消極為積極，精神煥發。

5 要用希望來激勵自己

激勵自己和他人，是發動一種行為以求產生特定成效的希望或力量。激勵的結果是產生一種動機，再由這種動機推動人產生行動。

銷售員必須在自己的職業生涯中，始終保持熱情，最優秀的銷售員不是技能特別出眾的銷售員「天才」，而是能將如火的熱情貫徹始終的人。

▎坦然面對別人的拒絕

在銷售的過程中，銷售人員碰到客戶拒絕的可能性遠遠大於銷售成功的可能性，很多時候，在洽談剛開始的時候，銷售人員就遭受了潑冷水。但是，這一切並不是客戶的錯誤，

不可否認客戶拒絕是有很多原因的，許多原因都不是銷售人員或者客戶能夠改變的。但很多時候，銷售員的不良銷售方式是遭受客戶拒絕的關鍵因素。如果銷售人員採用顧問式的銷售方式，遭受顧客拒絕的機會就會減少一些。但是不管怎樣銷售員在遭受拒絕的時候，應該怎麼辦才好呢？

1 對「拒絕」不要信以為真

通常有些客戶對並不了解的東西，最習慣的反應就是拒絕，拒絕對他來說就是一種習慣；還有些客戶的拒絕，是想進一步了解你的產品的正常反應，雖然這對你來說似乎非常困難，但對一部分客戶來說，的確是被人

攻破心理防線的「偽裝抵抗」。所以，你不要太相信這類客戶的話，只需要懷抱著堅定的信心繼續走下去就可以了。

通常碰到這樣的回答，先停頓一下，不急於爭辯，心裡默念：「不要在意，繼續前進。」然後微笑地對客戶說：「哦，真的是這樣嗎？」「看來您真的是這方面的專家，不知道有沒有機會向您學習呢？」

2 將每一次拒絕看成是還「債」的機會

我們每個人在這個世界上都有雙重角色，買家和賣家。當你在做銷售工作的時候，你是賣家，那你當然容易遭受一些拒絕。同樣，當你是買家的時候，那你也會拒絕別人。

當你拒絕銷售員的請求時，你其實是給了別人一個受難的機會。從佛家因果報應的角度上說，你是欠了別人的一次「人情債」，那麼當你被別人拒絕的時候，其實也是別人給了你一個受難的機會，相當於你還了一次「人情債」。倘若你能夠這樣想的話，就不會對別人的拒絕耿耿於懷。

同樣，這個道理也告訴我們，對所有向你推銷產品或服務的人，不要一棒子打死，不給別人留一點情面。有句老話說得好，給別人面子，也是給自己面子。

比如：我現在是專門做銷售培訓業務的，當每次聽到陌生的推銷電話，我先不急於掛掉，而是仔細的聆聽，如果他推銷得不好，我就問他有沒有做過專門的培訓。就這樣我不僅多認識了一些朋友，還成交了一些培訓的業務。這恐怕才是雙贏的真理所在。

3 現在拒絕你，並不代表永遠拒絕你

在每次銷售之前，你的心態不能著急，不能想著一口氣吃成個大胖子，需要一步步走，每一步做好了，成交的結果就自然來了。從準備、

開場、挖掘需求、推薦說明一直到成交，這每一步中都存在著拒絕。但這些拒絕不代表一直都會存在，只要你保持樂觀的心態，準確掌握客戶的需求，適當地解釋清楚，那這些障礙就是暫時的。

往往很多銷售在推進流程時犯的毛病是，每一步都向客戶發出非常強烈的成交訊號，也就是火候未到，就開始起鍋上菜，那怎麼會好吃呢？

請記住：銷售的每一步驟不是為了成交，而是順利地推進到下一步。如果你能夠這樣想，你被拒絕就不會那麼多了。

4 體會「拒絕」背後的心情故事

當我聽到每一個客戶的拒絕，我先要求自己想到的不是責怪客戶的不通人情，而是我自己會幫客戶編一則心情故事。或許他週末沒休息好，所以和我說改天再說；或許他剛被老闆罵，心情不太好；又或者……

總之，不要總想著是客戶的錯誤，而是先站在客戶的立場，幫他編一個理解他的心情故事，好好體會，品嘗人間百態，這不也是一種銷售的收穫嗎？

這就叫作同理心，通常你以這樣的心態和客戶交流，客戶會覺得你是個值得信任的人，會把你當作朋友看待。當客戶對你傾訴的私人故事越多，那離你的成交也就不遠了。

5 正向能量的調整

2007 年有本叫作《祕密》（*The Secret*）的書熱賣，講的就是吸引力的法則。作者認為主宰這個世界的不是其他，而是能量。我們每天與人的交流，其本質都是能量的交流。當你的心態積極，非常渴望擁有的時候，吸引力會幫助你吸引到對你有利，或你想要的東西。當你心態消極、害怕失去的時候，吸引力同樣會幫助你吸引對你不利、甚至會導致你不幸的東西。

　　所以富人越富，他們總是渴望擁有更多的，而不是只想著保護自己已有的；窮人越窮，他們考慮的總是如何保全自己已有的，而不是渴望擁有更多的；不知道你有沒有這樣的類似經驗。假如有一天你想打電話給客戶，但你在打電話之前，就認為這個客戶可能不會買你的產品，會拒絕你。結果你打電話過去，客戶真的沒有買。

　　我已經遇到這樣的事情無數次了。當我意識到自己出現消極狀態的時候，先讓自己停下來，深呼吸幾次調節自己疲憊的狀態。和周圍的人開開玩笑，重新調整一下自己的話語與思路。在打下一個電話之前，一定要想著積極的情景。

　　最怕就是你又想積極的成交情形，又害怕客戶的拒絕。假如你抱著這種心態，那說明你還沒有調整好，要繼續調整，直到你變成完全正向的能量為止。

6　概率決定論

　　做銷售，尤其是做電話銷售，真是個數字的概率遊戲。也就是說，不論你多麼的努力，肯定會有至少 30% 的客戶不會和你成交，也肯定會有 10% 的客戶會立刻和你成交。剩下的客戶你就要想辦法去爭取了。

　　所以，銷售業績做得好的人首先要保證的是工作量。保證工作量的目的是為了抓住肯定能成交的 10% 的客戶；其次，就是盡快地篩選掉不合格或根本不可能與你成交的客戶（沒預算、暫時沒需求、沒決策權）；最後就是你要應用靈活的策略與技巧來應對不斷給你拒絕的 60% 的客戶了。

堅持就是勝利

優秀的銷售人員都是勇於堅持自己夢想的人。堅持夢想，用財富的磚頭敲開夢想的門。優秀的銷售人員會將潛意識裡的熱情和信念變成超意識的決定和行動來達到目標。

一位銷售經理，曾經用「50 － 15 － 1」原則來激勵員工堅持不懈地努力。所謂「50 － 15 － 1」就是指每 50 個業務電話，只有 15 個有意和你談談，這 15 個人裡面只有 1 個人和你成交。試想一下如果沒有堅持不懈地努力，那麼又怎麼會有良好的銷售業績呢？

當客戶冷冰冰地拒絕你時，我們面臨著極大的考驗。畢竟，當順利成交時，我們都會開心；而被拒絕時，肯定會不高興。不斷拜訪，得到的只能是別人的拒絕，但還要堅持下去，這就需要勇氣。有時候堅持下去很難，面對客戶的無動於衷和冷淡，甚至是冷嘲熱諷，以及面對不可預知的銷售結果，需要足夠的自信去支撐。

據美國推銷協會統計，80％的推銷個案的成功，需要 5 次以上的拜訪，48％的銷售員 1 次就放棄，25％的人 2 次放棄，12％的人 3 次放棄，5％的人 4 次放棄，10％的人堅持 5 次以上。這個統計資料告訴我們，透過一次的拜訪就達到簽約訂單目的的少之又少，從第一次接觸到促成簽約訂單大約要經歷五個步驟，每一次拜訪如能達到一個目的就不錯了。經調查研究發現：80％的銷售員過於急功近利，想一次就簽約訂單促成，成功的機率是非常小的。結果就遭到客戶無情的拒絕，唱著歌手林志穎《為什麼受傷的總是我》的歌回來。銷售員對每一次的銷售目的應事先制定好，我們必須非常清楚地明確一點：每一次拜訪的目的都不是一樣的，有禮貌性的拜訪、商品說明和展示、簽約訂單促成、收款、售後服務、抱怨處理和索取仲介費等。

　　銷售員要建立起分步驟走，按流程操作的方法，這些在形式上看起來雖慢，但每個流程很扎實，成功的機率就大。

　　約翰是一個非常優秀的銷售員，但他也經常會遭到拒絕。連續4年，他每週都拜訪一位客戶，卻從沒有拿到訂單。4年是一段相當長的時間，但約翰覺得持續拜訪下去，努力爭取成交是非常有必要的。最後，他成交了。那份訂單，是他從事銷售以來拿到的金額最大的訂單。

　　根據心理學原理，我們只要重複足夠的遍數，就能征服客戶。廣告之所以能對人的購買產生那麼大的影響力，也與此有關。請記住：客戶的第一次拒絕，並不是真正的拒絕，我們應相信重複的力量，只要重複足夠的次數，就一定能夠征服客戶。

　　一位銷售員想推銷一件工具給一個工頭，拜訪多達20次，但都沒有成交。

　　「年輕人，既然我從來不買，我就是不明白，你為什麼總是不停地來拜訪我呢？」工頭無奈地說。

　　「這就是我反覆來的原因。我將不斷地回來，直到你買了為止，因為我知道你需要這件工具。」銷售員說。

　　工頭放棄了抵制，他說：「夠了，我就先從你這購買一份少量的吧！看來我已經沒有選擇的餘地了。」

　　事實上，工頭確實需要並正在使用這種工具。很多事實都證明，凡是在工作中特別有用的東西，僅僅靠純粹的重複就能在較量中取勝。而且，重複還可以在精神上對潛在客戶造成壓力，給對方一種「非買不可、沒有選擇」的感覺。

　　被稱為「保險業怪才」的史東，是美國聯合保險公司的董事長，也是美國最大的商業鉅子之一。

　　威廉・克萊門特・史東（William Clement Stone）很小的時候父親就去世了，靠母親替人縫衣服維持生活，為補貼家用，他很小就出去賣報紙了。有一次，他走進一家餐館叫賣報紙，被趕了出來。他趁餐館老闆不備，又溜了進去賣報。氣惱的餐館老闆一腳把他踢了出去，可是史東只是揉了揉屁股，手裡拿著更多的報紙，又一次溜進餐館。那些客人見到他這麼勇敢，就勸老闆不要把他攆走，並紛紛買他的報紙。史東的屁股被踢痛了，但他的口袋裡卻裝滿了錢。

　　勇敢地面對困難，不達目的永不放棄 —— 史東從小就是這樣的一個孩子，後來也仍是這樣的人。

　　史東還在上中學的時候，就開始試著去推銷保險了。他來到一棟大樓前，當年賣報紙時的情景又出現在他眼前，他一邊發抖，一邊安慰自己：「如果你做了，沒有損失，還可能有大收穫，那就立馬著手去做。」

　　他走進大樓，如果他被踢出來，他準備像當年賣報紙被踢出餐館一樣，再試著進去。但他沒有被趕出來。每一間辦公室，他都去了。他的腦海裡一直想著：「馬上就做！」每一次走出一間辦公室，而沒有收穫的話，他就擔心到下一個辦公室會碰釘子。不過，他毫不遲疑地強迫自己走進下一個辦公室。他找到一個祕訣，就是立刻衝進下一個辦公室，就沒有時間感到害怕而放棄了。

　　那天，有兩個人向他買了保險。就推銷數量來說，他是失敗的，但在了解他自己和推銷術方面，他獲得了極大的成功。

　　第二天，他賣出了 4 份保險。第三天，6 份。他的事業開始了。

　　20 歲的時候，史東自己設立了只有他一個人的保險經紀社，開業的第一天，他就在繁華的大街上推銷出了 54 份保險。有一天，他有個令人幾乎不敢相信的紀錄，122 份！以一天 8 小時計算，每 4 分鐘就成交一份。

1938 年底，史東成了一名資產過百萬的富翁。

史東說，成功的祕訣在於「碰到挫折後，永不放棄」。他還說：如果你以堅定的、樂觀的態度面對困難，你就會從中得到很多好處。

在銷售行業，的確如史東所講，能做最多的生意、得到最多的客戶、銷售最多的商品的，永遠是那些不灰心、能忍耐、絕不在困難時說出「不」字的銷售人員，是那些有忍耐精神、謙和禮貌、足以使別人感覺難違其意、難卻其情的人。每一個優秀的銷售員，都應該努力讓自己成為這樣的人，而不是與之相反。

由於種種原因，人們往往對各商家的銷售人員有些不歡迎，但是，當他們遇到有忍耐精神、謙和禮貌的銷售人員時，情況就大不一樣了。他們知道，有忍耐精神的銷售人員是不容易打發的；他們常常由於欽佩那個銷售人員的忍耐精神而購買他的商品。

所以，只要認定了一個大目標，不管實現它是容易還是困難，不管自己高興還是不高興，總是竭盡全力去做的人，總能夠獲得成功。現實中，很多銷售員一旦遇到困難就不會去努力解決，而只是尋找藉口推卸責任，誇大任務的難度，抱怨主管分派工作的不公。這樣的人是很難成為一個優秀的銷售人員的。

總之，每一個銷售員都應該明白：不管什麼時候，意志堅定的人總能在社會上找到自己的位置。人人都依賴那些為事業百折不回、能堅持、能忍耐的人，願意與他們合作，因為堅定的意志能產生牢固的信用。當你明白了成功是由失敗累積而成的時候，你就會在遇到挫折或不幸時，去正視它，並努力克服它。即使一時解決不了，只要堅持下去，早晚會成功。

▶ **熱情**：一個對自己的職業都不熱情的人，怎麼可能會調動起客戶的熱情？銷售員的熱情是具有感染力的一種情感，他能夠帶動周圍的人去

關心某些事情，當你很熱情地去和客戶交流時，你的客戶也會「投之以李，報之以桃」。當你在路上行走時，正好碰到你的客戶，你伸出手，很熱情地與對方寒暄，也許，他很久都沒有遇到這麼看重自己的人了，說不定你的熱情能夠幫助你促成一筆新的交易。

▶ **永保赤誠之心**：態度是決定銷售新人面對挫折如何成功的基本要求，身為一名銷售人員，必須抱有一顆赤誠之心，誠懇地對待客戶，對待同事，這樣，別人才會尊重你，把你當做朋友。

為此，很多成功的銷售員認為，剛剛走上銷售行業的新人首先要對人真誠。真誠面對自己，真誠面對別人。這麼一來，才能因尊重自己與別人而贏得對方的敬重，這樣才能抑制挫折的出現。

▶ **自信心**：自信是一種力量。首先，要對自己有信心，每天工作開始的時候，都要鼓勵自己，我是最優秀的！我是最棒的！同時，要相信公司，相信公司提供給客戶的是最優秀的產品，要相信自己所銷售的產品是同類中最優秀的，相信公司為你提供了能夠實現自己價值的機會。

▶ **韌性**：銷售工作實際是很辛苦的，這就要求銷售代表要具有吃苦、堅持不懈的韌性。「吃得苦中苦，方為人上人。」銷售工作的一半是用腳跑出來的，要不斷地去拜訪客戶，去協調客戶，甚至追蹤消費者提供服務，銷售工作絕不是一帆風順的，會遇到很多困難，但要有解決困難的耐心，要有百折不撓的精神。

▶ **良好的心態**：具有良好的心態，才能夠面對挫折、不氣餒。每一個客戶都有不同的背景，也有不同的性格、處世方法，自己受到打擊要能夠保持平靜的心態，要多分析客戶，不斷調整自己的心態，改進工作方法，使自己能夠面對一切責難。只有這樣，才能夠克服困難。

同時，也不能因一時的順利而得意忘形，須知「樂極生悲」，只有這樣，才能夠勝不驕，敗不餒。

▶ **責任感**：無論你是一個剛進入銷售行業的新人，還是一個老業務員，你的言行舉止都代表著你的公司，如果你沒有責任感，這不但會影響你的銷售量，也會影響公司的形象。無疑，這也是讓你受到挫折懲罰的原因。

▌戰勝恐懼，迎接挑戰

在這個世界上，成功的人之所以會成功，是因為他們總在想事物的積極方面，他們總能從黑暗中看到黎明，從失敗中看到成功；而失敗的人之所以會失敗，是因為他們總在思考事物的消極方面，他們從希望中看到的是失望，在順境中看到的是厄運。南丁格爾說：「無論是什麼，只要我們將它植入自己的潛意識中，不斷想像並注入情感，都會在某一天成為現實。」

你在想什麼，你就會得到什麼，這是每一個銷售人員都應該牢牢記住的。

身為初出茅廬的銷售新人，當你面對陌生客戶，準備與其溝通時，是不是經常會出現心跳加快的現象，或者往往將原本準備好的話忘得一乾二淨呢？這時候，我們一定會敬佩那些可以坦然、輕鬆地和陌生人侃侃而談的成功銷售人員 —— 何時才能像他們那樣談笑自如呢？

推銷的恐懼心理，就是在推銷的過程中，怕被別人注意或稍有差錯就產生極度恐懼的情緒。它是一種對難堪或出醜表現的強烈和令人身心疲憊的恐懼感。這樣的人害怕在公共場合講話，不願意接近陌生人，不願意拜訪客戶，不敢向人推銷。

　　要想徹底克服這種恐懼心理，就得練就一張「厚臉皮」。可以說，每一個從事銷售工作的人最初都會有恐懼感，而如果更進一步問他們到底怕什麼，他們可能會說：「怎麼可能改變別人的想法呢？如果別人拒絕我，我該怎麼辦？」

　　其實，對自己沒有信心，怕丟臉是主要原因。勇氣不是天生就有的，它是靠我們後天培養的。

　　威名遠揚的前英國首相邱吉爾曾說過：「一個人絕對不可在遇到危險時，背過身去試圖逃避。若是這樣做，只會使危險加倍。但是，如果立刻面對它，毫不退縮，危險便會減半。絕不要逃避任何事物，絕不！」

　　喬治推銷的第一年，因為收入不夠高，又兼職一份工作，在斯古斯摩學院的棒球隊當教練。

　　工作期間，他接到賓夕法尼亞州切斯特縣的基督教男青年會的一份邀請函，讓他參加他們舉辦的一個名為「清潔語言、清潔電話、清潔體育活動”的演講會，並要求他演講。哎喲！這個可難了。要知道，他根本沒有在公共場合說話的勇氣，有時連對一個陌生人說話也會臉紅。他深知這種性格在很多時候會阻礙自己獲得更大的成功，但又不知如何改變，而眼下，那個演講太重要了，他根本無法推託。

　　第二天，他去了費城的基督教男青年會，向他們打聽有沒有大眾演講訓練班。出乎意料，該會的教育主管說：「啊，我們正好有一個，你隨我來。」他跟著他穿過長廊，到了一間坐滿了人的屋子裡。當時一個人剛做完演講，還有一個人對他的演講進行評論。坐下來，教育主管小聲說：「這就是大眾演講訓練班。」正說著，又一個人起身演講。那個人緊張得不得了，不過，這鼓勵了法蘭克。他想：「可別跟他似的，我的演講一定會洪亮、流利。」

　　又過了一會，原來評論演講的那個人走了過來。教育主管告訴他，此人名叫卡內基。法蘭克對卡內基說：「我想參加培訓班。」卡內基說：「那倒不錯，但這個班已過了一半了。」法蘭克說：「不，我要馬上加入。」卡內基微微一笑，握住法蘭克的手說：「沒問題！下一個就由你來講。」當時，法蘭克緊張到了極點，結結巴巴地連一句「你好」都說不出來。

　　幸運的是，他後來參加了一系列訓練，還有每週的例會。兩個月後，他去切斯特縣的基督教男青年會做了一次講演。這時，他已經克服了自己的懦弱，可以輕鬆地對大眾講述自己的人生經歷。法蘭克講了他在棒球隊的經歷以及為何中途退出棒球生涯，甚至還講了他的隊友米勒・霍金斯的事。這次演講持續了一個半小時，講完之後，有二三十人跑上來和他握手，告訴他們如何激動。他高興壞了，對自己的演講取得如此好的效果感到驚訝。

　　這簡直是個人間奇蹟！兩個月前，他還不敢到大眾場合講話，而現在能使上百人聚在一起全神貫注地聽他講述自己的人生經歷。演講的成功帶給他巨大的快樂和無比的自信。他知道這是兩個月的培訓成果，25 分鐘一次的演講訓練讓他獲得巨大進步，比那些整天呆呆地坐在一邊一言不發的人好多了。

　　他還有另一個驚喜：結識了布賴・衛克斯先生。布賴・衛克斯先生是德拉威爾縣著名的律師，當時擔當演講會的主持人。演講結束後，衛克斯先生親自送他上火車。登車之時，他說了些讚美的話，還邀他有空再來。最後，他告訴法蘭克：「我和一個同事最近正議論買保險的事。」

　　那次訓練給他的最大益處就是讓他獲得了自信與勇氣。他所見過的成功人士都是富有勇氣和充滿自信的，可以輕鬆自如地表達自己。這次演講訓練激發了他內心的熱情，使他能夠更加輕鬆自在地表達自己的看法。從

此，他徹底摧毀了自我的最大敵人 —— 膽怯。

你可以參加培訓班，使自己獲得進步。如果沒有訓練班，你可以乾脆學班傑明·富蘭克林。他的辦法是自己組織一個小團體，然後就地訓練。參加者每週都會碰一次面。大家輪流坐莊，互相交流。早在 200 年前就有了這樣的團體。那些把訓練的內容應用到實際生活中的學員進步最大。

有一位銷售員因為常被客戶拒之門外，慢慢罹患了「敲門恐懼症」。他去請教一位大師，大師弄清他的恐懼原因後便說：「現在假如你站在即將拜訪的客戶門外，然後我向你提幾個問題。」

銷售員說：「請大師問吧！」

大師問：「請問，你現在位於何處？」

銷售員說：「我正站在客戶家門外。」

大師問：「那麼，你想到哪裡去呢？」

銷售員答：「我想進入客戶的家中。」

大師問：「當你進入客戶的家之後，你想想，最壞的情況會是怎樣的？」

銷售員答：「大概是被客戶趕出來。」

大師問：「被趕出來之後，你又會站在哪裡呢？」

銷售員答：「就還是站在客戶家的門外啊！」

大師說：「很好，那不就是你此刻所處的位置嗎？最壞的結果，不過是回到原處，又有什麼好恐懼的呢？」

銷售員聽了大師的話，驚喜地發現，原來敲門根本不像自己所想像的那麼可怕。從此以後，當他來到客戶門前時，再也不害怕了。他對自己說：「讓我再試試，說不定還能獲得成功，即使不成功，也不要緊，我還能從中獲得一次寶貴的經驗。最壞的結果就是回到原處，對我沒有任何損

失。」這位銷售員終於戰勝了「敲門恐懼症」。由於克服了恐懼，他的銷售業績十分突出，並且被評為全行業的「優秀銷售員」。

由此可見，在銷售過程中，銷售人員只有克服恐懼，才能自如地與客戶交流。越是恐懼的事情就越去做，你才可能超越恐懼，否則，恐懼就會成為你心理上的大山，永遠橫在你的面前。

那些面對陌生人經常不敢邁出第一步，而是試圖轉過身去逃避的銷售新人，如果能相信自己，勇敢地邁出第一步，以後的事就好辦了。同時，如果你按照下面幾個方面來做，一定會克服恐懼心理，闖過「面子關」。

- ▶ **自信**：自信是事業成功的基礎。相信自己可以戰勝一切困難。樹立了這種職業自信心與自豪感，你就會勇於面對陌生人了。

- ▶ **評估對方**：每個人都特別在意別人的看法。但身為銷售新人，如果特別在意別人對自己的評價，那麼無形中就會產生壓力，使自己緊張無措。所以，你不如暫時忘記自己，反過來評價對方。仔細觀察對方的表情和言語，找到對方的缺點。這樣，你才會由被動變為主動，壓力也會頓時消除。

- ▶ **大聲說話**：銷售新人與客戶初次會面時，不妨盡量放開聲音，大聲說話，偶爾幽默一下，這些都會使緊張的心理立馬得到放鬆，恐懼心理也就被拋到九霄雲外了。

- ▶ **尋找優點**：每個人都有自己的長處，關鍵是能否發現它們。所以，在初次和陌生人會面時，請想一想自己的優點，即使是不足為外人稱道之處，也可以採用自我擴大的方法，將其擴大成足以自豪的長處，而將那些無言的自卑拋於腦後，以此消除恐懼心理。

- ▶ **心情放鬆**：生活中難免會發生一些令人不愉快的事情。但是你一定要記住：不愉快的情緒會帶給對方不愉快的印象。因此，在和陌生客戶

會面時，一定要拋除雜念，使自己充滿活力，神采飛揚，把自己鮮活的一面展現於人前。

▶ **放對心態**：銷售新人很容易被客戶的地位、頭銜鎮住，心理上就會自覺不自覺地產生一些壓力。其實，你完全可以讓他們退去那些耀眼的光環。想一想他們肯定也有著人性脆弱的一面，同樣是人，你為什麼要懼怕別人呢？這樣就會讓自己緊張的心情輕鬆下來。

▶ **神態自然**：凡事欲速則不達，做什麼都要拿捏好分寸，過猶不及。所以，在初次會面時，不要把得失看得太重，只要能與對方建立良好的關係，甚至爭取到再次見面的機會就夠了。

銷售新人在連繫業務時，如果將以上幾點牢記心中，並經常運用，久而久之，就會練就一張「厚臉皮」，順利闖過「面子關」。

熱愛你的職業，做快樂的銷售人員

銷售人員之間顯然是存在一定差別的，並由於這種差別的存在而導致業績的極大懸殊。美國的一項調查資料表明：超級推銷員業績是一般推銷員業績的 300 倍。在許多企業裡，80% 的業績是由 20% 的推銷員創造出來的。而這 20% 的人並不是俊男靚女，也並非個個能說會道，那麼他們是否擁有相同的銷售祕訣呢？當然有！要想成為一名成功的銷售人員，首先要熱愛你的工作。

熱愛你的工作，這是成功銷售的第一祕訣。成功的銷售人員必須是熱愛銷售工作、並從銷售中發現樂趣的人。

試想，一個對自己的工作充滿抱怨，對上級布置給自己的任務敷衍了事、胡亂交差的銷售人員，怎麼能提升自己的銷售業績呢？

喬・吉拉德也經常被人問起過職業，聽到答案後對方不屑一顧：你是賣汽車的？但喬・吉拉德並不理會：「我就是一個銷售員，我熱愛所做的工作。」

工作是通向健康、通向財富之路。喬・吉拉德認為，它可以使你一步步向上走。全世界汽車推銷員的平均紀錄是每週賣 7 輛車，而喬・吉拉德每天就可以賣出 6 輛。

剛做汽車銷售時，他只是公司 42 名銷售員之一，而那裡的銷售員他有一半不認識，他們常常是來了又走，流動很快。有一次他不到 20 分鐘賣了一輛車給一個人，最後對方告訴他：其實我就在這裡工作。這個人說他來買車是為了學習喬・吉拉德的祕密。

吉拉德認為，最好在一個職業上一直做下去。因為所有的工作都會有問題，但是，如果跳槽，情況也許會更糟。

他特別強調，一次只做一件事。以種樹為例，把樹種下去，精心呵護，等樹慢慢長大，並最終給你回報。你在那裡待得越久，樹就會越大，回報也就相應越多。

銷售的訣竅也適用於生活，每個人的生活都有問題，但喬・吉拉德認為，問題在於上帝賜予的禮物，每次出現問題，把它解決後，自己就會變得比以前更強大。

1963 年，35 歲的喬・吉拉德從事的建築生意失敗，身負巨額債務，幾乎走投無路。他說，去賣汽車，是為了養家糊口。第一天他就賣了一輛車。撢掉身上的塵土，他信心十足地說：我一定會東山再起。

喬・吉拉德做汽車推銷員時，許多人排長隊也要看到他，買他的車子。金氏世界紀錄大全查實他的銷售紀錄時說：最好別讓我們發現你的車是賣給計程車公司，而確實是一輛一輛賣出去的。他們試著隨便打電話給

人，問他們是誰把車賣給他們，幾乎所有人的答案都是「喬」。令人驚異的是，他們脫口而出，就像喬是他們相熟的好友。

儘管喬‧吉拉德一再強調「沒有祕密」，但他還是把他賣車的訣竅抖了出來。他把所有客戶檔案都建立系統的儲存。他每月要發出 1.6 萬張卡片，並且，無論是否買他的車，只要有過接觸，他都會讓大家知道他是喬‧吉拉德，並記得他。他認為這些卡片與垃圾郵件不同，它們充滿愛。而他自己每天都在發出愛的資訊。他創造的這套客戶服務系統，被世界 500 強公司中的許多公司採用。

經過專門的審計公司審計，確定喬‧吉拉德是一輛一輛把車賣出去的。他們對結果很滿意，正式確認他為全世界最偉大的推銷員。這是件值得驕傲的事，因為他是靠實實在在的業績獲得這一榮譽的。

喬‧吉拉德認為，所有人都應該相信：喬‧吉拉德能做到的，你們也能做到，我並不比你們好多少。而他之所以做到，是因為他投入了專注與熱情。他說，太多選擇會分散精力，而這正是失敗的原因。

有人說對工作要百分之百地付出。他卻不以為然：這是誰都可以做到的。但要成功，就應該付出 140%，這才是成功的保證。他說對自己的付出從來沒有滿意過。每天入睡前，他要計算當天的收穫，冥想、集中精力反思。頭天晚上就把第二天徹底規劃好。離開家門時，如果不知道所去的方向，那麼，喬‧吉拉德是不會出門的。

懶惰走向失敗，「勤」能助你成功

對於推銷員來說，天資如何並不重要，重要的是你夠不夠勤奮。得過且過、懈怠懶惰的人是做不了推銷員的。故步自封、不思進取，滿足於一時一次的成功，最終會葬送自己的能力和前程。走一步算一步、當一天和

尚撞一天鐘的推銷員，不餓死就是一種奇蹟。

有些推銷員的知識、能力不足，學習速度不如別人，專業能力也不夠，自己知道在先天條件方面比不上別人，但仍想出人頭地，唯一可以感動客戶的就是「勤」字，而且不乏成功的例子。

人的意識分為表意識、潛意識和超意識。表意識是表面的外在形象，潛意識是人內心深處的感受，只有來自超意識的決定才是人內心真正的決定。

優秀的銷售員善於運用潛意識的力量站穩立場、下定決心，創造成功的結果。放下無謂的面子和自我，全力以赴地把工作的意義和利益說給別人聽，不把失敗放在心上，只求無愧於心，對自己要實現的目標從心底有不達目的誓不甘休的信念。

一個人對自己的評價常常不是基於自己對自己的了解，而是隨著別人對自己的態度的改變而改變的。《科學投資》的研究發現，成功業務員的欲望，許多來自於現實環境的刺激，從而激發了他們的潛意識和超意識，並在這種意識的驅動下獲得了成功。

每一個人身上都蘊藏著豐富的潛力，你所面臨的挑戰越大，對自己的潛能挖掘得越充分，就越可能有非常的建樹。一個人的思維和氣質常常是由他所從事的工作打磨而成的，並非刻意如此，而是每天所接觸的人和事，每天必須思考和處理的問題，培養出了一種個人風格，而且環境也有一種特殊的氛圍，給其中的每個人打上烙印。

積極正面的信念產生潛能和決心，決心帶動行為，積極的行為造就好的成果，好的成果讓我們更堅信積極、正面的信念，從而形成好的結果。信念讓一切的不可能變為可能。

愛迪生曾說：「天才是一分的天資，加上九十九分的努力。」意思是說，

後天的努力才是成功的重點所在。有些人知識能力不足，學習速度不如別人，專業能力也不夠，自己知道在先天條件上比不上別人，仍想出人頭地，唯一可以感動客戶的力量就是這個「勤」字訣了，而且不乏成功的例子。

曾經有位推銷英文百科全書的超級推銷員，是個只有國中學歷的媽媽，年逾四旬的她在英文程度上想在短期內速成，根本就是一件不可能的任務，只能鑽研推銷技巧以彌補專業上的不足，於是她運用了最原始的方法，以純樸的外形來當優勢。首先她拿了一條絲巾包住頭髮，然後再將一套百科全書包在布巾中，外形就像便當一般，準備妥當之後就去找某家公司的董事長。

當她以這種裝扮出現在公司的祕書面前時，大多數的祕書都以為是董事長的母親帶東西來了，於是一點都不敢怠慢地引她進董事長的辦公室，而當她見到了董事長之後，還沒等對方問話，她就已經將布包打開，把一套百科全書放到辦公桌上面，並說：「我是某某公司職員，聽說這套英文百科全書只有你看得懂，所以想推薦給你，但是你千萬不要問我內容，因為我只有國中畢業而已，我什麼都不懂。」說完之後她就把臉垂下，一動也不動地站在辦公桌前，留下董事長一臉錯愕的神情。

靠著這個辦法，她得到許多訂單，當然大多數客戶會給予強烈的拒絕，然而她卻不死心地堅持以這種方式進行推銷，最後成為推銷界的頂尖高手，這就是勤勞的結果。

1 勤於接觸

俗話說見面三分情，人與人之間如果有幾分熟悉，說起話來就會親切一些，尤其是東方人樸實的個性，非常注重情感的交流，所以客戶的培養必須從勤於接觸開始，找機會和客戶建立友誼，從內心深處真誠地關心

他，自然就可以獲得相對應的認同，面對推銷員的要求，客戶也就不好意思拒絕他了。這就是人際關係中，面對面溝通能產生立即而善意回應的功能，特別是在談話之中，若能善用肢體的接觸更可以影響對方的思想。

推銷員也可以用肢體接觸來觸動客戶的注意力，不過在面對女性客戶時，使用這種方式要節制，以免有騷擾的意味，反而不妙。

2　勤於管理

推銷管理有兩個層面，第一個層面是上級對於部屬的推銷管理。推銷主管必須勤於關心部屬推銷運作的狀況，並適時地提供後勤支援與協助，千萬不可有放牛吃草的心態，以為部屬都是無敵鐵金剛，碰上任何問題都能夠從容應對，只有推銷主管勤於管理下屬才可以將推銷由上而下持續推動下去，而不至於因部屬受挫，產生消極性懈怠而影響整體士氣。

第二個層面是推銷員對客戶資料的管理。平時必須運用各種表格將客戶資料適當地分類整理，並勤於歸檔、補充、更換新的資訊，以便掌握客戶最新的現況，以免萬一遺漏，平白損失好不容易建立起來的商機。

3　勤練成習

沒有人天生就具備超乎常人的推銷能力，任何推銷技巧都必須透過學習才能夠理解與運用，不論是來自於外力提供的知識，或是來自於內心中自我學習的進修。

在學習之後必須經過不斷的練習來提升經驗與膽量，使之自然地成為自己推銷習慣的一部分，長久累積，推銷能力就如同爬樓梯一般，逐層的由下而上步步提升，同時也建立起自己扎實的信心，千萬不要好高騖遠，許多不切實際的人往往是說得多做得少，光說不練絕對是不能達成目標的，流於形式和花俏的推銷練習，對於推銷能力是完全沒有幫助的，說穿

了只是花拳繡腿，根本不堪一擊。

推銷員運用「勤」字訣有四大法則可供依循，一是勤能補拙；二是和客戶勤於接觸；三是勤於管理；四是勤於練習推銷技巧。

▌誠信讓你的推銷之路走得更遠

「誠信」包括「誠實」與「守信」兩方面內涵。誠信不但是推銷的道德，也是做人的準則，它歷來是人類道德的重要組成部分，在銷售工作中也發揮著相當程度的影響力。實際上，向客戶推銷你的產品，就是向客戶推銷你的誠信。

據美國紐約銷售聯誼會統計：70%的人之所以從你那購買產品，是因為他們喜歡你、信任你和尊敬你。因此，要使交易成功，誠信不但是最好的策略，而且是唯一的策略。

赫克金法則源於美國行銷專家赫克金的一句名言：「要當一名好的銷售人員，首先要做一個好人。」這就是赫克金所強調的行銷中的誠信法則。經過調查發現，優秀銷售人員的業績是普通銷售人員業績的300倍的真正原因，與長相無關，與年齡大小無關，也和性格內向外向無關。其得出的結論是，真正高超的銷售技巧是如何做人，如何做一個誠信之人。

「小企業做事，大企業做人」講的也是同樣的道理，要想使大部分客戶接受你，做個誠實守信的人才是成功的根本。

在推銷過程中，如果失去了信用，也許一筆大買賣就會泡湯。信用有小信用和大信用之分，大信用固然重要，卻是由許多小信用累積而成的。

有時候，守了一輩子信用，只因失去一個小信用而使唾手可得的生意泡湯。一個優秀的銷售員是非常講信用的，有一說一，實事求是，言必信、行必果，對顧客以信用為先，以品行為本，使顧客信賴，使用戶放心

地和你做交易。

對於一個銷售人員來講，顧客就是上帝，顧客有權拒絕。然而，當一個非常優秀的銷售員帶著不錯的產品，一次次真誠地拜訪時，最終一定會贏得顧客的青睞。產品不是萬能的，任何產品都有它起作用的範圍和無法起作用的範圍。這是最基本常識。但是，在有些人看來，他們的產品就是萬能的，他們向客戶介紹產品時，恣意誇大產品的性能，這無疑為他們日後的推銷工作帶來了隱患。

有一位成功的銷售人員，每次登門推銷總是隨身帶著鬧鐘。交談一開始，他便說：「我打擾您 10 分鐘。」然後將鬧鐘調到 10 分鐘的時間，時間一到鬧鐘便自動發出聲響，這時他便起身告辭：「對不起，10 分鐘到了，我該告辭了。」如果雙方商談順利，對方會建議繼續下去，那麼，他便說：「那好，我再打擾您 10 分鐘。」於是鬧鐘又調到了 10 分鐘。

大部分客戶第一次聽到鬧鐘的聲音，很是驚訝，他便和氣地解釋：「對不起，是鬧鐘聲，我說好只打擾您 10 分鐘的，現在時間到了。」客戶對此的反應因人而異，絕大部分人說：「嗯，你這個人真守信。」也有人會說：「咳，你這人真死腦筋，再談一會吧！」

銷售員最重要的就是要贏得顧客的信賴，但不管採用何種方法，都得從一些微不足道的小事做起，守時就是其中一種。這是用小小的信用來贏得客戶的大信任，因為你開始答應會談 10 分鐘，時間一到就匆匆告辭，就表示你百分之百地信守諾言。

在當今競爭日趨激烈的市場條件下，信譽已成為競爭制勝的極其重要的條件和方法。唯有守信，才能為銷售人員贏得信譽，誰贏得了信譽，誰就能在市場上立於不敗之地；誰損害或葬送了信譽，誰就要被市場所淘汰。銷售人員最重要的是要贏得客戶的信賴，但不管採取什麼樣的措施，

都要從一些微不足道的小事做起，從每一個細節表現你的真誠，以此告訴顧客：我是個誠信之人。

誠實守信，以誠相待，是所有推銷學上最有效、最高明、最實際也是最長久的方法，林肯總統曾說：「一個人可能在所有的時間欺騙某些人，也可能在某些時間欺騙所有的人。但不可能在所有的時間欺騙所有的人。」對於銷售人員來說道理也同樣如此，在一個資訊傳播日益迅速的市場環境下，銷售人員的小手段、小聰明是很容易被看破的，即便偶爾取得成功，這種成功也是相當短暫的。要想贏得客戶，誠信才是永久的、實在的辦法。

要做到誠信，是件很不容易的事情。而違反誠信法則的人，是無法在這個行業中生存下去的。美國銷售專家齊格拉對此深入分析道：一個能說會道卻心術不正的人，能夠說得許多客戶以高價購買劣質甚至無用的產品，但由此產生的卻是三個方面的損失：客戶損失了錢，也多少喪失了對他的信任感；銷售人員不但損失了自重精神，還可能因這筆一時的收益而失去了成功的推銷生涯；從整個行業來說，損失的是聲望和大眾的信賴。

那麼，銷售人員如何訓練並且表現自己的真誠呢？下面是一些說真話的祕訣，它們有助於你成功推銷自己。

▶ **不誇大事實**：有些人吹牛吹得沒有分寸，扭曲了事實。更可悲的是，時間一久，這些人也相信自己所誇大的事實了。因此，不要繞著事實惡作劇。不要在它的邊緣兜圈子，更不要扭曲或渲染它。

▶ **三思而後言**：這點其實很容易做到的。也許你講話過快，以至於中心意思不夠突出。或者你表達能力較差，無法有序表達自己的觀點。這都不要緊。只要耐心等待，直到自己的聲帶與大腦完全合拍，這樣你再開口則基本不會出現任何問題了。

▶ **用寬容調解和矛盾**：矛盾常常是尖銳的，但仍然要說出來。「不過」── 這個「不過」不是表示可以說謊，它只是表示要緩和事實，使它不致傷害一個人的情感，要說真話，但要避免使對方感到困窘。

▶ **別為他人做掩護**：有時候，你可能會遇到別人要求你為他說謊，或為他們掩飾實情。要記住，你不可以這樣做。一個老闆最差勁的行為，就是強迫他的雇員為他說謊，而這也是一個雇員要做的最困難的決定：我應該為老闆說謊嗎？

先試著拒絕這樣做，你將驚訝於自己的誠實和勇氣。你的老闆可能最驚訝，或許因此對你有一份嶄新的尊敬，從此不再要求你為他掩飾。但是，如果他的反應不是這樣呢？給你一個率直而誠懇的建議 ── 辭職。

當然，你自己在出現錯誤的時候，也不能要求別人替你說謊掩飾，正所謂「己所不欲，勿施於人」。

第 2 章
了解客戶，像客戶一樣思考

　　客戶就是我們的上帝。我們應該站在客戶的角度，了解客戶的心理。每個顧客都害怕上當受騙，都只關心自己的利益，每個顧客都希望別人能夠尊重自己。所以，你想成為銷售冠軍，你就得設身處地地為客戶著想。

顧客都有怕上當受騙的心理

　　在銷售的過程中我們會遇到這樣一個問題，即客戶對銷售人員大多存有一種不信任的心理，他們認為從銷售員那裡所獲得的有關商品的各種資訊，往往不同程度地包含著一些虛假的成分，甚至還會存在有一些欺詐的行為。於是，就有很多客戶在與銷售人員交談的過程當中，認為銷售員的話不太可信，往往不太在意，甚至抱著逆反的心理與銷售人員進行爭辯。

　　所以，在銷售的過程中怎樣迅速有效地消除顧客的顧慮，對銷售員來說是十分必要的。因為每一個聰明的銷售員都知道，如果不能夠從根本上消除客戶的顧慮，交易就很難成功。

　　客戶之所以會產生顧慮，很可能是因為在他們以往的生活經歷中，曾經遭遇過欺騙，或者買來的商品不能滿足他們的期望。也可能是從新聞媒體上看到過一些有關客戶利益受到損害的案例。所以，他們往往對銷售人員心存芥蒂，尤其是一些上門推銷的銷售人員，在他們的心裡更是不受歡迎的人。

　　一位金牌銷售人員曾說過：「身為一個優秀的銷售員不是要打動客戶的腦袋，而是要打動客戶的心。因為心是離客戶錢包最近的地方，是客戶的感情，腦袋則是客戶的理智，也就是一個合格的銷售員要透過打動客戶的感情，讓客戶產生購買的想法。」

　　的確，現在社會上的騙子很多，許多人深受其害，而騙子的行騙方法可能會仿效銷售人員的推銷方式，客戶再看到銷售人員時就很容易想起被

騙的痛苦經歷，所以他們認為銷售人員幾乎都是騙子，於是在潛意識中有些排斥銷售人員。

客戶沒有時間和精力去辨別銷售人員的真偽，所以很容易把所有的銷售人員「一棒打死」，認為凡是做推銷的人都是騙子，遇到銷售人員就躲著走，深怕自己被騙。

其實說到底，客戶還價還是因為怕被騙，因為推銷給客戶的印象是暴利行業，即使你報出底價，客戶也會認為其中還有很大的價差。

讓客戶產生這種心理的原因在於促銷做得有些過頭，比如原價 1 萬元的產品，沒幾天就優惠到 6,000 元，或者隨便找個理由就打個八折。此時客戶就會想：一定是產品本錢搞不好只有幾百塊，不然怎麼會降這麼多？看來他們平時賺了客戶不少錢，我一定不能被騙。客戶一旦產生了這種心理，就會產生你的價格越低，他反而越懷疑的現象。

客戶要的是品質好的產品，同時還要感覺自己買得實惠。假如客戶剛從你手上買了產品，到你的競爭對手那裡一看，你賣給他的東西只要一半的價格就可以買到，你從此就成了黑名單。

很多客戶都害怕上當受騙，面對銷售人員，他們表現得很謹慎，渾身上下都充滿警惕，就怕掉進銷售人員的「陷阱」。對待這種客戶，銷售人員不要急於求成，你說得越多，客戶反而越懷疑，曾經被騙的經歷會讓他們對眼前的你產生不信任的感覺。你一定要找出他無法接受你推銷的產品的真正原因，想辦法消除客戶的心理障礙，讓自己成為客戶的朋友，這樣客戶才會和你合作。

通常，客戶怕上當受騙的心理會讓你們的溝通產生障礙，但同時也會給你帶來機會。這種客戶常常是想買產品，但是他們總希望你適當地降低一下價格，所以會找同類商品如何優惠的說辭來刺激你，你在與客戶交談

時要讓客戶了解，任何一種商品都不可能在各方面占優勢，你要重點告訴客戶他買你的產品能獲得什麼好處，以此來滿足客戶的需求和減輕他擔心買貴的顧慮。如果有什麼優惠活動，也要提前通知客戶，把利益的重點放到客戶身上，讓客戶覺得自己獲利而不是被騙了。還有一部分客戶是擔心商品的品質或功能，對商品沒有足夠的信心。此時，你不妨直接對客戶說出產品的缺點，這要比客戶自己提出來好得多。

首先，客戶會對你產生信任感，覺得你沒有隱瞞產品的缺點，是個誠實的人，這樣他就願意與你進一步交流。

其次，客戶會覺得你很了解他，把他想問而未問的話回答了，他的疑慮就會減少。

最後，銷售人員主動說出商品的缺點，可以避免和客戶發生爭論，而且能使你和客戶的關係由消極的防禦式變成積極的進攻式，從而促成交易。

銷售人員在銷售的過程當中，要盡一切辦法來消除客戶的顧慮心理，使他們覺得自己所購買的商品物有所值。首先需要做的就是向客戶保證，他們決定購買的動機是非常明智的，而且錢也會花得很值；而且，購買你的產品是他們在價值、利益等方面做出的最好選擇。

在銷售過程當中，顧客心存顧慮是一個共性問題，如不能正確解決，將會給銷售工作帶來很大的阻力。所以銷售人員一定要努力打破這種被動的局面，善於接受並巧妙地去化解客戶的顧慮，使客戶放心地去買自己想要的商品。顧慮是心與心之間的一條鴻溝，填平它，銷售人員才能到達成功交易的彼岸。

▌崇尚權威心理

病人相信醫生，股民相信分析師，為什麼客戶不相信銷售員呢？這是因為我們還不夠權威，不能獲得客戶的信任與崇尚。

在銷售中，我們會發現，那些被認為是該領域權威的銷售員，其業績會明顯比其他銷售員好。這是因為，每一位客戶都有崇尚權威的心理，都願意和權威人士打交道，他們只有對權威人士比較放心。不管我們銷售什麼，人們都尊重專家型的銷售員。如果我們能夠做到成為客戶心中的權威，而不僅僅是銷售員，那麼客戶是非常願意坐下來聽我們說話的。

所以，我們在銷售時不應該僅僅扮演銷售員的角色，還應該能夠做到站在專業角度和客戶利益角度提供專業意見和解決方案，幫助客戶做出對產品或服務的正確選擇。

拿銷售保險為例，當銷售員像一個真正的顧問那樣說：「在過去幾年中，保險業發生了很多變化。如果您不介意的話，我想花幾分鐘時間簡單回顧一下有關情況……」以此身為開篇，吸引客戶的注意力，讓客戶感受到我們專業的水準，那麼銷售員就可以告訴客戶他能從保險中得到什麼樣的好處，客戶為什麼應該購買分期保險等。

在隨後的交談中，我們逐漸贏得了客戶的信任，就可以以建議的形式逐步導入銷售。我們可以這樣對客戶說：「我想問您幾個問題，以便我能更多地了解您，並且提出我的合理建議。」問題可以是這樣的：「您的工作性質是什麼？」「您的年收入大致多少？」「您對孩子的教育有什麼計畫？」或者「在過去的5年裡，您看醫生一般是出於什麼原因？」如果客戶能夠回答我們這些問題，就代表他們已經在心裡接納我們了，對我們有了基本的信任，那麼我們接下來的銷售就容易了。

要成為客戶心中的權威銷售員，我們需要做到以下幾點：

1 善於揣摩客戶心理

做銷售其實最終是一場「心理之戰」，權威銷售員一定是洞察客戶心理的高手。比如說，我們要能夠在短時間內觀察出客戶屬於什麼樣的類型。如果客戶對我們的產品是非常了解的，不只是來看看，這就說明成交的機會很高。那麼，對這類客戶，價格只是一個參考因素，只要在合理的心理預期之內都是可以成交的。這時，最好的方式，不是列出所有的優惠條件，而是什麼優惠也不說，讓客戶自己來決斷或殺價。優惠條件一定要慢慢給出，以顯示出是銷售員為客戶爭取到的，而不是隨便可以給出的。這樣，客戶殺價的心理預期就會降低，而且客戶購買的滿意度還會提升。

2 掌握產品的專業知識

要想成為權威銷售員，充分了解自己的產品是最起碼的要求，要不然，客戶就會明顯地感到我們簡直毫無準備。胸有成竹不僅可以使我們贏得客戶的尊敬，而且有助於更好地掌握銷售控制權。記住，人們只會更尊敬那些深諳本職工作的銷售員。

比如：房地產經紀人不必去炫耀自己比別的經紀人更熟悉市區地形。事實上，當他帶著客戶從一個地段到另一個地段到處看房的時候，他的一舉一動已經表明了他對地形的熟悉。當他對一處住宅作詳細介紹時，客戶就能了解到銷售員本人絕不是第一次光臨那處房屋。同時，當討論到抵押問題時，銷售員所具備的財會專業知識也會使客戶相信自己能夠獲得優質的服務。當我們透過豐富的知識使自己表現出自身的權威性，才能被稱之為本行業的專家。

3 在客戶面前要表現出專家的自信

自信是權威銷售員的最大特點，只有相信自己才能夠讓客戶相信我們。

在銷售時不要被客戶牽著鼻子走，而是要善於引導客戶，把客戶的思緒引導到我們所要表達的內容上來。比如：在銷售的開始階段，當客戶提及非常敏感的價格問題時，我們要盡量避開，當客戶對我們的產品有足夠的興趣後，再從客戶需求的角度出發，引導客戶對價格的判斷。

▶ 在整個洽談和服務的過程中，銷售員要注意自己身為權威專家的身分，對客戶給予尊重。

▶ 一定要站在客戶的立場上考慮問題，做客戶的顧問。

▶ 要讓客戶感到我們是真誠地為他提出合理化建議及解決方案，而不是像其他銷售員一樣，只是來強迫銷售產品。

嫌貨人就是買貨人

在推銷的任何階段，或對於商品的任何方面，顧客都可能提出異議。很多時候，顧客之所以會提出異議，就說明他對你的產品有興趣。顧客有興趣，就會認真地思考，也就會提出更多的意見。這時候，面對顧客的挑剔，千萬不要顯得不耐煩，因為「嫌貨才是買貨人」，這個讓你感到討厭的顧客，也許才是你的真正的買家呢！什麼叫推銷？經驗告訴我們，所謂「推銷」，就是不斷地解決顧客提出的任何異議，堅持下去，達成為止。對你的商品不嫌棄的人，往往是走馬看花的客人，他們一般都不會把精力浪費在你身上的。

如果一個顧客對你的任何商品都無動於衷，沒有任何的異議，那麼

這個顧客絕對沒有一點購買的欲望。「嫌貨才是買貨人」，顧客之所以會「嫌棄」你的貨物，正是因為他對你的產品產生了興趣；顧客有了興趣，才會更加認真地加以思考，必然會提出更多的意見。

「嫌貨才是買貨人」，會提出問題的客戶才是對商品具有濃厚興趣的人。只有滿足這些人的消費安全感，才能促成交易。你的知識越專業，越能夠縮短客戶考慮的時間。

社會就是如此，每個顧客都希望自己買到品質高、價錢便宜的商品，為了達到自己的目的，肯定會百般挑剔，但這就是說，起碼他是你的潛在客戶，否則對方也不會在你那裡消磨時間，身為銷售人員，一定要有良好的心態、耐心、誠心和信心。

李先生經營一家水果批發店，有一天，他碰到一位難纏的顧客。顧客看著手中的橘子說：「你的水果也不怎麼好啊，還賣這麼貴？」

「您放心，我的水果雖然不敢說是最好的，但絕對不差，甘甜可口又新鮮，保證是這一帶最好的，不信您可以和其他店的水果比較，您要不要試吃看看？」李先生滿臉笑容，一邊說著，一邊拿起一個橘子給顧客。

顧客仍然搖搖頭說水果太小了，不滿意。

李先生笑瞇瞇地說：「自己吃又不是送人，大點小點沒關係，只要好吃就好，您說呢？」

「就是太貴了，能不能便宜點？」

李先生很有耐心地說：「真的不能再低了，我們是小本生意，薄利多銷，賣的都是這個價啊！」

不管顧客是什麼態度，李先生一直微笑著為這位顧客解答問題，雖然這位顧客嫌水果的價格高，但最後還是買了不少水果。

在銷售過程中，銷售人員常常會碰到一些對商品提出各種問題的顧

客。身為銷售人員，不能輕視顧客的問題，更不能對顧客提出的問題不耐煩。試想如果顧客進入商店走馬看花看一遍就走了，或者對推銷人員的介紹無動於衷，那麼說明顧客對你推銷的商品並不感興趣，而對商品意見很多的顧客，才是真正有購買意向的人，才更需要銷售人員花時間和精力去說服。

如果每個銷售員都能夠像李先生那樣，在遇到「問題多多」的顧客時，抓住顧客的購買心理，耐心細心地為顧客解答各種問題，往往會獲得事半功倍的效果。

其實，在推銷中每個客戶隨時都有可能對你的產品提出任何異議。身為銷售人員，一定要明白這一點，要時時刻刻做好這種心理準備，不能輕視客戶的異議，更不能因此而對客戶心存芥蒂。銷售能力就是在解決顧客提出的任何異議的過程中不斷成長的。那些對你的產品沒有任何異議的人，往往是走馬看花的客人，因為在他看來你的產品好與不好和他根本沒有什麼關係，既然如此，他自然不必浪費心思、浪費精力地和你討論產品。

打個比方，如果你向一位客戶推銷一款豪華型電動車，你口若懸河地和對方大談什麼節能環保、時代趨勢的電動車，可是你說了半天，對方只是笑著聽你說，你就像在唱獨角戲一樣，那麼這個時候，你就要考慮換一種車型向客戶推銷，因為，你現在推薦的車型根本引不起客戶的興趣。如果他對你推銷的車型有興趣的話，他會問你很多關於產品的資訊，並且會就自己不滿意的方面提出質疑。

「嫌貨才是買貨人」，是銷售中的一個規律。如果一個客戶對你的任何建議都無動於衷，沒有任何的異議，那麼你就應該考慮放棄說服他，那些對你的產品意見多多的客戶才是值得你花時間和精力去說服的，才是有可能購買你產品的人。

根據客戶的喜好，採取相對的溝通方式

不同的客戶有不同的特點，因此，對於銷售人員來說，在與客戶溝通時，就需要根據客戶的喜好，採取相對的溝通方式，這樣才能達到自己的目的。要想達到更好的銷售效果，就需要對客戶進行積極的心理暗示，使對方更容易接受你的產品，更容易對你產生信任並心甘情願地接受。

可以說，每個人的表達和接受資訊的方式都不一樣，為了達到最好的銷售效果，銷售人員就要了解並使用客戶喜歡的方式進行溝通。

首先，沒有人會喜歡跟沒精打采的人打交道，所以，銷售人員在跟客戶見面的時候，一定要保持一個積極向上的精神狀態。只有當自己變得百分之百地自信並感到十分興奮的時候，才能精神煥發地走進客戶的辦公室。

其次，銷售人員最好要面帶微笑。一位著名的企業家說：「我寧願雇一個有可愛笑容而連大學文憑都沒有的人，也不願意雇一個板著臉孔的博士。」一位銷售菁英也說過：「不管我認不認識，當我的眼睛一接觸到人時，我會要我自己先對對方微笑。」

有人曾經做過統計，在同一個行業，幾個同樣的店面，貨品的擺設和種類都差不多，店內售貨員的年齡、長相、穿著打扮也相差無幾，可是只有那些態度和藹面帶笑容的售貨員所在的店面生意最好。

有人說，微笑是成功者的祕密武器，因為微笑可以產生一種心理暗示，它會暗示對方你是一個容易親近的人。微笑還可以拉近彼此之間的距離，增強自身的親和力，從而解除客戶的抗拒心理。很多事實都表明，令人感到溫暖而又愉快的笑容會帶來明顯的經濟效益。

最後，還要注意雙方溝通的環境，因為在不同的環境下，也會產生不同的溝通效果。一般來說，溫馨而融洽的溝通環境可以使客戶的心理得以

放鬆，使銷售工作更順利。在跟客戶溝通的時候，可以選擇咖啡廳、酒吧之類的場所，這樣會使客戶拋棄戒備心理，能更坦誠地進行交流，使銷售工作更加順利。

銷售人員在與客戶面對面溝通時，首先要尊重客戶，要特別關心客戶的態度與感覺，要讓客戶感受到溝通的愉悅，不要以各種方式激怒客戶，從而導致客戶情緒的不穩定，使銷售工作受到影響。

某女士進了一家女鞋專賣店，從中挑選了一款鞋，店員引領她坐下來試穿，並不厭其煩地替女士找尺寸適合的鞋。由於這位女士的兩隻腳掌不一樣大，所以試的鞋總是有一隻不合腳。

於是店員說：「看來我一時找不到適合您的鞋，您的一隻腳比另一隻腳大。」

女士聽完很生氣，站起來就要走。這時，鞋店經理聽到兩人的對話後，趕緊叫女士留步並致歉。經理再次請女士坐下來試鞋。沒過多久，就賣出去了一雙鞋，女士滿意地離去。

女士走後，那店員問經理說：「您用什麼辦法讓她不生氣而且還買了鞋呢？」

經理解釋說：「我只對她說，她的一隻腳比另一隻腳小。」

只是一個字的差異，卻使購買的結果完全不同。其實，銷售人員在與客戶的溝通中要充分尊重對方，尤其當客戶自身有缺陷或不足的時候，更不能直言相告，否則會讓客戶的內心產生極大的反感並影響購買情緒。

在上面這個案例中，那位經理雖然也把真相告訴了那位女士，但由於考慮到了她的真實感受，而且溝通時充分講究技巧，並帶有尊重的意味，從而能夠獲得對方的認可。鞋店經理能夠從女士的角度去看問題，所以他的溝通獲得了成功。

在一家商店裡，進來了一位顧客，營業員見他走近櫃檯邊走邊看，似乎在尋找什麼，但又漫不經心，就判斷他想買東西但又並不迫切。

營業員於是迎上去，非常熱情地說：「先生，您想看點什麼？我非常熟悉，可以給您介紹介紹。」

「我隨便看看。」

「好，您要看什麼我幫您拿，不買也沒關係。」

似乎是營業員的盛情難卻，這位顧客說：「請把那套咖啡杯拿給我看一下。」

營業員拿過來兩套，同時為他介紹了這些商品的產地、特點，還說明其中有一套在目前很暢銷，目前店裡只剩下了幾套。對方聽了，便掏錢買了一套。

臨走時，他說：「本來我並不打算馬上買，只是想順便過來看看有沒有花色好一點的，是你那句不買也沒關係，使我放心。」

在日常生活中，我們常常發現，當有顧客上門的時候，營業員馬上開始遊說，恨不得說得天花亂墜，但是，這樣做往往會給顧客帶來很大的壓力。雖然這樣做會使很多顧客在這樣的「盛情」之下，隨便挑一個小商品就匆匆告別，但以後說不定就不會再來了。畢竟，這種過於直接而又熱情過度的銷售方式是顧客非常反感的，有的銷售人員以為這是一種成功的行銷策略，卻不知這是以小失大。要知道，顧客都是喜歡在一種自由輕鬆的環境裡選擇和購買自己想要的東西的，因此，要給顧客營造一種寬鬆的購買環境，才能吸引更多的顧客。

身為銷售人員，一定要懂得這個道理，那就是，自己賣的不是產品，而是產品帶給客戶的利益 —— 產品能夠滿足客戶什麼樣的需要，能為客戶帶來什麼好處等。客戶在沒有使用之前，對產品的了解都是抽象的、表

面化的，如果銷售人員不能把產品的利益變成具體的、實在的、客戶可以明確感受到的東西，那麼就不能吸引到顧客的注意力。優秀的銷售人員要在了解到客戶的個性特點和現實感受後，再以尊重對方的方式去理解、去溝通，這才能達到良好的溝通效果。

溝通的方式有很多，要選擇客戶最喜歡的方式去溝通才能取得很好的結果。一般來說，講故事的方式就是很受客戶歡迎的溝通方式。美國紐約「成功動機研究」主持人保羅‧梅耶（Paul Meyer）進行大量研究後發現，優秀的銷售人員都會巧妙地利用人們喜歡聽故事的興趣去取悅客戶。透過故事，銷售人員能把要向客戶傳達的資訊變得饒有趣味，使客戶樂於接受，產生興趣，給客戶留下非常深刻的印象。他說：「用這種方法，你就能迎合客戶，吸引客戶的注意，使客戶產生信心和興趣，進而毫無困難地達到銷售的目的。」

其實，銷售人員不必向客戶展示所了解的所有產品知識，同樣，在做出購買決定前，也沒有必要讓客戶成為相關的專家。過多的解釋反而讓人心裡生疑。

透過故事來介紹商品是說服客戶的好方法之一。透過故事，銷售人員把要向客戶傳達的資訊變得饒有趣味，使客戶在快樂中接受資訊，對產品產生濃厚興趣。由於故事都傾向於新穎、別緻，所以它能在客戶的心目中留下深刻的印象。當一個銷售人員能讓產品在客戶的心目中留下一個深刻、清晰的印象時，就有了真正的優勢。

一位鋼鐵廠銷售人員在聽到客戶詢問「你們產品品質怎樣」時，他沒有直接回答客戶，而是給客戶講了一個故事：「前年，我廠接到客戶一封投訴信，反映產品品質問題。廠長下令全廠工人自費坐車到一百公里之外的客戶公司。當全廠工人來到客戶使用現場，看到由於品質不合格而給用

戶造成損失時，感到無比的羞愧和痛心。回到廠裡，全廠召開品質討論會，大家紛紛表示，今後絕不讓一件不合格的產品進入市場，並決定把接到客戶投訴的那一天身為廠恥日。結果，當年我廠產品就獲得優等獎稱號。」

銷售人員沒有直接去說明產品的品質如何，但以這個故事讓客戶相信了他們的產品品質。

其實，任何商品都有它迷人而有趣的話題，比如產品是怎樣發明的，怎樣生產出來的，它能帶給客戶什麼好處等等。銷售人員可以挑選生動、有趣的故事，以故事作為銷售的武器。一位銷售菁英說過：「用這種方法，你就能迎合客戶、吸引客戶的注意，使客戶產生信心和興趣，進而毫無困難地達到銷售的目的。」

比如：在還不確定顧客真實需求的情況下，品牌是一個最好的談論話題。有人說，一個沒有故事的品牌必然是空洞稚嫩的，而一個缺少品牌故事的銷售過程同樣是沒有說服力的。事實也確實是這樣。

「先生，您聽過我們這個品牌嗎？」

「我們的企業是整個照明行業最早開始實施品牌策略的，擁有整個吸頂燈市場 10% 的市場占有率，我們這個品牌就是吸頂燈的代名詞。您知道為什麼我們的吸頂燈銷量這麼大嗎？」

「先生您說得很對，我們的確是靠吸頂燈起家的，其實這只是一個原因，更重要的是我們的老闆在創業初期就把我們的品牌定位在為大多數人提供優質的光環境上面，而吸頂燈產品最大的賣點就是對光的充分利用。」

這段話巧妙地實現了品牌與產品之間的嫁接，水到渠成地開始介紹起自己的產品來了。這樣的話聽著親切，也能引起客戶的興趣，能使客戶與銷售人員之間達成自然的互動，達成銷售目的也就不在話下了。但是，有

的銷售人員不懂得這一點，只是憑藉自己的主觀意願就滔滔不絕地展示展品有多麼好多麼實用，其實這樣不僅不能打動客戶，還會讓客戶反感。

吉姆拿著一種新上市的電動刮鬍刀走進了客戶的家門，他仔細地將這種新式刮鬍刀的一切優良性能都做了詳細介紹。

「刮鬍刀不就是為了刮掉鬍鬚嗎？我的那種舊式刮鬍刀也可以做到這些，我為什麼還要買你這個呢？」很顯然，客戶希望清楚地了解這些產品或者吉姆的這種銷售主張能夠帶來什麼樣的好處。

「我的這種刮鬍刀要比以前的性能優良，你從包裝上就能看得出來。」

「你的包裝精美跟我有什麼關係？包裝精美的產品有的是，我為什麼要選擇你的產品？」

「這種刮鬍刀很容易操作。」

「容易操作對我有什麼好處？我並不覺得我原來的很難操作。」

在這個案例中，客戶最在意的顯然是利益而不是特徵，「對我有什麼好處」就是客戶的利益點。特徵是利益的支援基礎，利益才是客戶追求的根本東西。銷售人員吉姆一味強調這種新式刮鬍刀的好用、性能優良，但是，客戶一直在問「這跟我有什麼關係」，而吉姆卻對此毫無感覺，喋喋不休地講述自己的產品包裝是如何地漂亮精美，產品有多麼容易操作。他不懂得，向使用者介紹產品，關鍵點是介紹使用該產品能給自己帶來什麼好處，哪些好處是他現在正需要的。離開了這一點，再好的產品也不會讓客戶動心。

總之，不同的環境就會有不同的狀態，而不同的狀態就會衍生不同的溝通效果，所以用客戶喜歡的方式跟對方進行交流十分重要。在與客戶溝通之前，銷售人員需要選擇合適的洽談場所，整理自己的裝束，抖擻精神保持一個良好的心態，這些都是成功的開始。

每個顧客都需要你對他足夠的重視

客戶之所以購買商品和服務，有時不僅是需要商品本身，更多的其實是希望透過購買商品和服務而得到解決問題的方式和愉快的感覺，獲得一種心理上的滿足。所以，從這個意義上來說，客戶真正需要的並不只是商品，更是一種心理滿足。心理滿足才是客戶購買行為的真正動機。

每一個人都有想要成為偉人的欲望，這是推動人們不斷努力做事的原始動力之一。人們做任何事都是為了滿足其各種各樣的心理需求，當他的心理需求得不到滿足的時候，其內心就會處於「飢渴」狀態，迫切地希望能夠透過各種途徑得以彌補。

人們的情感是變幻莫測的，而引發情感變化的因素有很多，有的會使情緒變壞，有的則會激發人們的正面情緒。「一句話可以把人說笑，同樣，一句話也可以把人說跳」，只有善於調動人們的積極情緒，讓對方感受到自己是受重視的，才會使彼此之間更加容易溝通。可以說，渴求別人的重視，是人類的一種本能和欲望。的確，生活在社會的大家庭中，每個人都在努力前進，希望得到更高的利益和地位，希望得到別人的重視和喜歡。沒有一個人希望默默無聞，不為人知。

人的欲望是無限的，這些欲望包括物質的和精神的，而且二者是並存的。在物質需求得到滿足的同時，人們更希望得到心理需求的滿足。

渴望被人重視，這是一種很普遍的、人人都有的心理需求，身為消費者的客戶也不例外。特別是在生存性消費需要得到滿足之後，客戶更加希望能夠透過自己的消費得到社會的承認和重視。因此這種心理需求正好給銷售人員銷售自己的商品帶來了一個很好的突破口，銷售人員可以透過刺激客戶的自重感，來俘獲客戶。

有一位銷售人員約好到一個客戶家裡銷售廚具，但是剛好碰到客戶家

裡正在裝修。當銷售人員到來的時候，客戶家裡還沒有收拾完，顯得很亂。客戶遲疑了一下，還是把他請進屋。銷售人員看得出客戶有些不悅，於是便笑著找話說：「您的住家好大啊！裝修得真不錯，既大氣又時尚。」客戶聽他說起裝修，便有了話說，接著開始發起牢騷，說裝修工程不順利，很多材料都不中意，而且進度太慢，已經忙了一個多月還沒有完工等。銷售人員表示理解，並說了安慰的話。

這時，銷售人員發現客戶由於忙裡忙外，只是穿了一雙拖鞋，而此時客廳裡非常冷，工作時也許不覺得，可是一停下來就很容易著涼。於是銷售人員便巧妙地提醒客戶說：「裝修房子的確是累人的事情，但是也不要忘記照顧自己的雙腳，我建議您可以先『裝修』一下它們，免得受凍，影響身體。」客戶其實也覺得有點冷，但是不好意思說，而此時銷售人員注意到並溫馨地提示自己，客戶的心裡感到一熱，於是他會意地笑笑，說：「那真是不好意思了，我先失陪一下。」銷售人員點頭說：「沒關係，您請便。」

等客戶回到客廳，坐在銷售人員的對面時，銷售人員及時地說：「您把它們『包裝』好，我就覺得安心了。我可不希望我的客戶生病不舒服。」客戶頓時感到內心一股暖流穿過。

在接下來的交談中，氣氛很是愉快，最後客戶決定購買他的全套系統廚具，臨走時，客戶真誠地對銷售人員說：「我會很珍惜像你這樣好的銷售人員。」

由此可見，對別人表示關心和重視，能夠換回對方積極的回應。能夠把客戶放在心上的銷售人員，客戶一定也會把他放在心上。因為，在銷售的整個過程中，「讓客戶覺得自己很重要」是打動客戶內心的一個重要原則，這就需要銷售人員在細微處給予客戶最真摯的接納、關心、容忍、理

解和欣賞。

　　小林和小郭兩個人一起出去銷售自己公司的一種產品，他們先後都到過趙經理那裡去銷售。小林比小郭先到，他進門之後就開始滔滔不絕地向趙經理介紹自己的產品有多麼好，多麼適合他，要是不購買就等於吃虧等。然而，這樣的話不但沒有引起趙經理的興趣，反而讓他非常反感，於是他很不客氣地給小林下了逐客令。

　　等到小郭又來的時候，趙經理知道他們銷售的是同一種產品，本來不願意見他，但是他又想聽聽小郭是怎樣的一種說辭，於是就請小郭進到他的辦公室。

　　小郭進來後，沒有直接介紹自己的產品，而是很有禮貌地先說抱歉、打擾，然後又感謝趙經理在百忙之中會見自己，還說了一些誇讚和恭維的話，而對自己的產品卻只是簡單地介紹了一下。可是，不管他怎麼說，趙經理始終都是一副很冷淡的樣子。小郭覺得這筆生意已經很難做成，雖然心中多少有些失落感，但他還是很誠懇地對趙經理說：「謝謝趙經理，雖然我知道我們的產品是絕對適合您的，可惜我能力太差，無法說服您，我想我應該告辭了。不過，在告辭之前，我想請趙先生指出我的不足，以便讓我有一個改進的機會好嗎？謝謝您了。」

　　這時，趙經理的態度突然變得很友好，很和善，他站起來，拍拍小郭的肩膀笑著說：「你的不足就是急著要走，哈哈，我已經決定要買你的產品了。」

　　同樣的產品，小林前來銷售會被轟出去，而小郭卻能夠成功地實現交易，這就是一個滿足客戶心理需求的問題。小林只是滔滔不絕地介紹自己的產品，而忽略了對客戶起碼的尊重和感謝，而小郭卻始終對趙經理很恭敬很有禮貌，特別是自己最後臨走時，還請求客戶的指教，這讓趙經理感

到自己得到了足夠的重視，給他一種自己很重要的感覺，被重視的心理得以滿足，從而在情感上對小郭也表示了認同，自然也就促成了這筆交易。

站在顧客的立場上考慮問題

創建了著名的松下電器公司的松下幸之助先生，在做生意的過程中悟出了一個道理：「站在對方的立場看問題。」

人們來往之間，總有許多分歧。松下幸之助總希望縮短與對方溝通的時間，提升會談的效率，但卻一直因為雙方存在不同意見、說不到一起，而浪費掉大量時間。他知道，對方也是善良的生意人，彼此並不想坑害對方。在 23 歲那年，有人給他講了一則故事 —— 犯人的權利。他終於從中領悟到一條人生哲學，憑藉這條哲學，他與合作夥伴的談判突飛猛進，人人都願意與他合作，也願意做他的朋友。松下電器公司能在一個小學沒讀完的農村少年手上，迅速成長為世界著名的大公司，就與這條人生哲學有很大關係。

《孫子兵法》云：「知己知彼，百戰不殆。」而「知己」與「知彼」相互比較，「知彼」就顯得更為重要。而對生死相敵的對手，這一條則更為重要。偉大的鬥士都是不會隨便輕視他的對手的。要做到「知彼」，最好的方法就是站在對方的立場看問題。失敗者的一個重要原因是，他們從來都不懂得站在對方的立場看問題。

的確如此，身為一名優秀的銷售員希望能夠「釣」到大客戶，就應該站在客戶的角度來看問題。但是令人感到非常遺憾的是，大多數的銷售人員在銷售的過程之中，當他們發現潛在目標客戶之後，腦海裡面只有一種想法：就是我們公司現在剛剛推出了一種非常好非常好的產品，因為這種產品非常非常好，所以客戶您應該買，卻從來沒有考慮過為什麼客戶要購

買我們所銷售的產品？客戶購買產品背後的原因是什麼？如果客戶想要購買產品，他又是如何做出購買的決定的？客戶的購買流程是什麼？

其實，銷售人員研究客戶購買產品的原因和動機，以及客戶的購買流程，比研究你所銷售的產品更重要。站到客戶的立場想問題，這是一個很淺顯的道理，然而，卻經常容易忘記。

之所以會經常忘記站在客戶的立場想問題，或者說經常只站在自己的立場想問題，大概有二個原因：一是因為人總是自私的，總是優先去想自己的利益；二是因為人總是感受在先，理性分析在後，如何感受就如何想問題，因而，就不能快速地站到客戶的立場去想問題，遇到事情時總是先站在自己的立場去想。

當我們站在客戶的立場來想問題的時候，我們會發現還有很多事情沒做到，發現我們還有太多的改進空間。這樣我們就會知道了，我們目前的工作還存在哪些銷售方面的問題，從而能考慮如何完善，如何讓客戶覺得更放心、更超值。

其實，銷售的祕訣不在其他，就是一個如何掌握客戶心理的問題。只要你抓住了對方的需求，盡量讓其感覺到你所推銷的東西可以滿足到他的需求，比起你費盡唇舌地去宣傳自己的產品，或者忍痛降低價格的辦法更加有用。

如果客戶的問題解決了，我們自己的問題就能迎刃而解了，銷售工作也就順暢了，這就是站到客戶的立場去想問題的好處。

客戶都有占便宜的心理

推銷人群中流傳著這樣一句話：「客戶要的不是便宜，而是要感到占了便宜。」客戶有了占便宜的感覺，就容易接受你推銷的產品。

客戶占便宜的心理給了商家可乘之機。如一些女士在購物買衣服的時候，常常用對方不降價自己就不買來「威脅」商家，於是商家最終妥協了，告訴女士「就要下班了，我不賺錢賣你了」「我這是清倉的價錢給你的，你不要和朋友說是這個價錢買的」「今天你是第一筆訂單，算是我討個吉利吧」，於是這位女士自以為獨享這種低價的優惠滿意而歸。此種情況很常見，精明的商家總能找出藉口賣出東西並讓客戶覺得占了便宜。由此可以看出，大多數客戶不喜歡對產品的真實價錢仔細研究，而是想買些更便宜的物品。

銷售人員怎樣做才能夠讓客戶覺得占了便宜呢？你可以去看看商場中最暢銷的產品，它們通常不是知名度最高的名牌，也不是價格最低的商品，而是那些促銷「周周變、天天有」的商品。促銷的本質就是讓客戶有一種占便宜的感覺。一旦某種以前很貴的商品開始促銷，人們就會覺得得到了實惠。

雖然每個客戶都有占便宜的心理，但是又都有一種「無功不受祿」的心理，所以精明的銷售人員總是能利用人們的這種心理，在還沒有做生意或者剛剛開始做生意的時候拉攏一下客戶，送客戶一些精緻的禮物或請客戶吃頓飯，以此來提升雙方合作的可能性。

貪圖便宜是人們常見的一種心理傾向，我們在日常生活中經常會遇到這種情況。例如：某某超市打折了，某某廠商促銷了，某某商店拋售了，人們只要一聽到這樣的消息，就會爭先恐後地向這些地方聚集，以便買到便宜的東西。

物美價廉永遠是大多數客戶追求的目標，很少聽見有人說「我就是喜歡花多倍的錢買同樣的東西」，人們總是希望用最少的錢買最好的東西。這就是人們占便宜心理的一種生動的表現。

　　我們說占便宜也是一種心理滿足。客戶會因為用比以往便宜很多的價錢購買到同樣的產品而感到開心和愉快。銷售人員其實最應該懂得客戶的這一心理，用價格上的差異來吸引客戶。

　　古時候有一個賣衣服和布匹的店鋪，鋪裡有一件珍貴的貂皮大衣，因為價格太高，一直賣不出去。後來店裡來了一個新夥計，他說他能夠在一天之內把這件貂皮大衣賣出去，掌櫃不信，因為衣服在店裡掛了一兩個月，人們只是問問價錢就搖搖頭走了，怎麼可能在一天時間裡賣出去呢？

　　但是夥計要求掌櫃的要配合他的安排，他要求不管誰問這件貂皮大衣賣多少錢的時候，一定要說是五百兩銀子，而其實它的原價只有三百兩銀子。

　　二個人商量好以後，夥計在前面打點，掌櫃的在後堂算帳，一上午基本沒有什麼人來。下午的時候店裡進來一位婦人，在店裡轉了一圈後，看好了那件賣不出去的貂皮大衣，她問夥計：「這衣服多少錢啊？」

　　夥計假裝沒有聽見，只顧忙自己的，婦人加大嗓門又問了一遍，夥計才反應過來。

　　他對婦人說：「不好意思，我是新來的，聽力有點不好，這件衣服的價錢我也不知道，我先問一下掌櫃的。」

　　說完就對著後堂大喊：「掌櫃的，那件貂皮大衣多少錢？」

　　掌櫃的回答說：「五百兩！」

　　「多少錢？」夥計又問了一遍。

　　「五百兩！」

　　聲音很大。婦人聽得真真切切，心裡覺得太貴，不打算購買。

　　而這時夥計憨厚地對婦人說：「掌櫃的說三百兩！」

　　婦人一聽頓時欣喜異常，認為肯定是小夥計聽錯了，自己少花二百兩

銀子就能買到這件衣服，於是心花怒放，又害怕掌櫃的出來就不賣給她了，於是付過錢以後匆匆地離開了。

就這樣，夥計很輕鬆地把滯銷了很久的貂皮大衣按照原價賣出去了。

店夥計就是利用了婦人的占便宜的心理，成功地把衣服賣了出去。銷售人員在推銷產品的時候，可以利用客戶占便宜的心理，使用價格的懸殊對比來促銷。其實在很多世界頂尖的銷售人員的成功法則中，利用價格的懸殊對比來俘獲客戶的心是常用的一種方法。

優惠是推動銷售最有效的方法之一，所以優惠政策就是你抓住客戶心理的一種推銷方式。很多客戶都只看你給出的優惠是多少，然後和你的競爭對手做比較，如果你沒有讓客戶覺得得到優惠，客戶可能就會離你而去。所以你不僅要注重商品的品質，還要注意滿足客戶這種想要優惠的心理需求。

但是，優惠不過是一種手段，說到底是用一些小利益換來大客戶，你還是有賺頭的，不然商場裡也不可能經常有「買就送」「大特價」等活動。當然，在優惠的同時，你還要傳達給客戶一種資訊：優惠並不是天天有，你很走運。這樣，客戶的心裡才會更滿足，他們才會更願意與你合作。

即使你推銷的產品在某方面有些不足，你也可以透過某些優惠讓他們滿意而歸。如果客戶對你的產品提出意見，你千萬不要直接否定你的客戶，要正視產品的缺點，然後用產品的優點來彌補這個缺點，這樣客戶就會覺得心理平衡，同時加快自己的購買速度。比如客戶說：「你的產品品質不好。」身為銷售人員的你可以這樣告訴客戶：「產品確實有點小問題，所以我們才優惠處理。不過雖然是有問題，但我們可以確保產品不會影響使用效果，而且以這個價格買這種產品很實惠。」這樣一來，你的保證和產品的價格優勢就會促使客戶產生購買欲望。

客戶只關心自己利益

懂行銷的人都知道，掌握好客戶的心理才是終極的制勝法寶，他們深知每個客戶都只會關心自己的利益，許多客戶甚至會為了掩飾自己想得到優惠的心理而刻意說一些善意的謊言，以掩飾自己的真實利益。

在一次大型玩具展銷會上，一家玩具公司的展位非常偏僻，參觀者寥寥無幾。公司負責人急中生智，在第二天他就在展會入口處扔下了一些別緻的名片，在名片的背面寫著「持此名片可以在本公司展位上領取玩具一個」。結果，展位被包圍得水泄不通，並且這種情況一直持續到展銷會結束，當然迅速帶來的人氣也為這家公司帶來了不少生意。

這家公司之所以取得了非常大的成就，原因就在於它抓住了人們都只關心自己利益的心理，以小的恩惠為公司換來了巨大的利益。

重視自我的心理，包含兩層含義，一層是自己對自己的關心和保護，另一層是希望得到別人的關心和重視。而在消費過程中，客戶也具有這樣的心理，客戶會特別注重商品對於自身的價值，同時也希望得到別人對自己的關心和重視，如果產品不錯，銷售人員又對自己表現了足夠的重視，那麼客戶就會很高興地購買其產品。

其實，很多銷售人員總是一味地關心自己的產品能否賣得出去，一味誇讚自己的產品多麼先進、多麼優質，而不考慮是不是適合自己的客戶、客戶喜不喜歡。這樣給客戶的感覺就是你只關心自己的產品，只注重自己能賺多少錢，而沒有給他以足夠的關心和重視。客戶的心理需求沒有得到滿足，於是就會毫不猶豫地拒絕你。

曾經有一位推銷專家說過：「推銷是一種壓抑自己的意願去滿足他人欲望的工作。畢竟銷售人員不是賣自己喜歡賣的產品，而是賣客戶喜歡買的產品，銷售人員是在為客戶服務，並從中獲得利益。」因此在推銷活動

中，最重要的不是銷售人員自己而是客戶。「客戶至上」，才是銷售人員應該遵循的根本原則。能否站在客戶的立場上，為客戶著想，才是決定銷售能否成功的重要因素。

甲、乙兩個銷售人員到同一個客戶那裡銷售商品，銷售人員甲一到客戶的家裡，就開始滔滔不絕地介紹自己產品的品質有多好、多暢銷，結果客戶很不耐煩地打斷了甲的介紹，說：「不好意思，先生，我知道你的產品很不錯，但是很抱歉，我完全不需要，因為它不適合我。」甲只好很尷尬地說抱歉，然後離開。

等到銷售人員乙到該客戶家裡銷售時，卻是另外一種情況。乙到了客戶的家裡，邊和客戶閒聊邊觀察客戶的家具布置，揣測客戶的生活等級和消費品味，並和客戶家的小孩玩得很融洽，小孩似乎也已經喜歡上了這位推銷員叔叔。同時，乙在向客戶介紹自己的產品時，先詢問的是客戶需要什麼樣的款式和等級，並仔細地為客戶分析產品能夠給客戶帶來什麼利益，比如會給客戶省下多少開銷，幾年時間能夠節省下來多少錢等等，最後乙並沒有把自己的產品賣給客戶，而是說公司最近會推出一款新型產品，特別適合客戶的要求，希望客戶能夠等一等，自己過一段時間再來。

乙的一番言語讓客戶非常感動，因為銷售人員乙切實地從客戶的立場出發，為客戶考慮了很多，表現出對客戶的真誠的關心，使客戶得到了真正的實惠，贏得了他們全家人的信任。

當乙再次來到客戶家中的時候，還給客戶的小孩帶了些小禮物，受到了客戶的熱情接待，客戶很順利地購買了他的新產品。之後，銷售人員乙和客戶建立了長久的銷售關係，客戶從他這裡買走了很多產品。

上面的例子讓我們知道，客戶需要得到銷售人員的關心和重視，需要得到適合自己的、能給自己帶來實惠的產品和服務，只有當銷售人員真誠

地為客戶考慮了，讓客戶感受到了關心，客戶才會和銷售人員達成交易，甚至和銷售人員建立長期的夥伴關係，實現彼此的雙贏。

因此，讓客戶滿意的根本，是讓客戶感覺到銷售人員是在為客戶服務，而不僅僅是為了獲得他口袋裡的錢，這樣才能消除彼此之間的隔閡，使客戶欣然接受。

身為銷售人員，要記住，客戶永遠是因為自己的原因才購買，而不是因為你的原因去購買。如果想和一個客戶合作，就必須先考慮到這個客戶的私人需求是什麼，滿足了客戶的需求，再加上你的三寸不爛之舌，幾乎就能搞定了。所以，精明的銷售人員都知道，做交易的時候，首先考慮的不是賺錢，而是俘獲人心。

要想成為一個銷售高手，就要永遠把自己放在客戶的位置上。你要明白，每個客戶都是唯我獨尊的，客戶最關心的永遠是自己。倘若你能夠進行換位思考，想想自己希望怎麼被對待，購物的錢值不值得花，倘若你遇到這類問題該怎麼解決……把這些都擺在自己的位置上，也許就能得到答案，同時也能明白，客戶真正需要的是什麼。

在和客戶交流的時候，我們要明白，客戶和銷售人員想的不一樣。客戶關心的是銷售人員推廣的產品和專案對自己划算不划算，自己花的錢能發揮多大的效益。銷售人員關心的是最大化地提升產品的價格。兩者之間產生的矛盾得不到統一，結果必然是兩敗俱傷。那麼，如何實現雙贏，獲得滿意的效果呢？銷售人員應該注意，要注重客戶的不滿意見。客戶提出要求的時候，是銷售人員處理公司和客戶關係的重要時刻。在這期間，一定要充分考慮到客戶的不滿意見，處理得好，就能讓客戶更信任公司。只有充分照顧客戶的心理需求，你才有更多的機會留住他，讓他成為你的老客戶。

此外，還要用你的語言讓客戶相信你是為他著想的。千萬不要說「我做不到」，而要說「我會盡力做到」，永遠不要說「這是個問題」，而要說「肯定會有辦法的」。假如客戶提出一些你無法做到的事情，那麼不妨從客戶的角度出發，可以說：「雖然這不符合我們公司的常規，但我們可以盡力去尋求其他的解決辦法。」只要自信、樂觀而又不失嚴謹，就總能博得客戶的好感。

其實，以客戶為中心，把客戶最關心的東西放在最前面，是一種經營策略。每一個銷售人員在平時的工作過程中都要多多地進行換位思考，這種思考不但能化解許多矛盾，還能帶來更大的效益。

客戶要的是賓至如歸的感覺

設想一下，你是否也會感覺在自己的家裡、在自己的親人面前才會感到不受約束，感覺到自由隨意，而在其他場合就感到拘束，這種因為環境造成的不一樣的感覺必然會影響到人們的行為。這樣，我們則可以透過環境的改變，對人們的心理造成一定的影響，從而促進他們產生某種傾向，採取某種行為。

對於銷售來說，客戶的滿意度是銷售人員最應該注意的地方，而如何才能讓客戶更加滿意，其實環境也有著非常重要的作用。讓客戶感覺溫馨、舒適的環境，會增加客戶的歸屬感，從而使其放鬆警惕，更容易和銷售人員打成一片，說出自己的真實想法和需要，並使彼此真誠以對，利於交易的順利達成。

消費者往往都有這樣的心理，那就是願意多花錢享受更好的服務，購買更好的商品。因為好的服務和好的商品能夠為其提供更多的舒適和好處，內心的滿足會使其心甘情願地掏腰包。而環境也算是服務中的一個重

要環節。這裡的環境包括大環境和小環境，大環境指的是進行交易的場所，如在商場、店鋪、客戶家中、辦公室、工廠或者咖啡館等，小環境則是銷售人員與客戶之間交談商討的氛圍，如銷售人員是否積極熱情，說話是否得體，舉止是否得當等。這些環境有很多是可以控制的，透過人為的因素來主動創造一種更加舒適、更加和諧的環境和氛圍，對銷售工作會達到一定的促進作用。比如：有的餐廳把用餐的環境設計得十分幽雅、舒適，播放著優美的音樂，服務生乾淨、英俊，態度熱情、禮貌，其目的就是讓顧客吃得舒服，吃得開心，下次再來。因此，對環境的設置也是非常必要的。讓客戶有一種賓至如歸的感覺，使客戶感到更多的舒適和自由，使其流連忘返，產生再次享受的欲望。

泰國的東方飯店是一家已有 110 多年歷史的世界性的大飯店。而這家飯店這麼多年以來，幾乎天天客滿，不提前一個月預訂是很難找到入住的機會的。一個飯店能經營到這種程度，自然有其特殊的經營祕訣。因為飯店對每一個人住的客戶都給予最細緻入微的關懷和重視。為客戶營造了最舒適的、最體貼的環境和氛圍，讓客戶流連忘返。

除了飯店的住宿、餐飲、娛樂等消費的大環境讓人倍感舒適和享受以外，具體的服務小環境也是讓人備感溫馨和體貼。比如：一位叫尼克的先生入住了這家飯店，早上起床出門，就會有服務生迎上來：「早安，尼克先生！」不要感到驚訝，因為飯店規定，樓層服務生在頭天晚上要背熟每個房間客人的名字，因此他們知道你的名字並不稀奇。當尼克先生下樓時電梯門一開，等候的服務生就會問：「尼克先生，用早餐嗎？」當尼克先生走進餐廳，服務生就問：「尼克先生，要老座位嗎？」飯店的電腦裡記錄了上次尼克先生坐的座位。菜上來後，如果尼克先生問服務生問題，服務生每次都會退後一步才回答，以免口水噴到菜上。當尼克先生離開，甚

至在若干年後，還會收到飯店寄來的信：「親愛的尼克先生，祝您生日快樂！您已經 5 年沒來，我們全飯店的人都非常想念您。」

這樣的環境和服務，讓客戶享受到了最舒適的體驗，也受到了最大的重視和關懷，因此，只要來過這裡的客戶，都會願意再次光顧。

這就是泰國東方飯店成功的祕訣之所在，對客戶給以最大的重視，為其提供最體貼的服務，為其創造最舒爽的環境和氛圍，從而牢牢地抓住了客戶的心。銷售人員也應該從這方面努力，利用環境的因素，對客戶造成一些有利的影響，促使交易朝著有利於自己的方向進行。

由此可見，環境與氛圍對銷售有著非常重要的作用。僅僅為客戶提供品質優秀與價格合適的產品是遠遠不夠的，如果沒有提供相對應價值的環境與氛圍，銷售也是很難開展的。

在銷售過程中，不能僅僅是注重硬體的銷售，而忽略了軟體的銷售。優秀的品質與合適的價格等，這些都是影響銷售的硬體，而銷售的環境與氛圍則是影響銷售的軟體，如：銷售公司前臺的創意布置、人員的合理安排、會客廳或會議室的裝修與布置，這些都要使其與公司產品的價值相對應；員工的衣著與言談舉止都要進行有針對性的培訓，客戶訪問時，現場環境與氛圍要根據客戶的性質進行針對性的臨時布置；店鋪環境與氛圍設計、產品的陳列布置及廣告宣傳等硬體的資訊，都能夠讓客戶看到產品背後的實力以及公司的品味與素養，這對客戶最終的消費選擇會產生很大影響。

總之，環境和氛圍的設置和創造，也是銷售過程中的一個十分重要的環節，好的環境和氛圍會引導整個銷售向著有利的方向發展。

第 3 章
確立目標，永遠朝著最亮的星星走

目標是人生的方向，有了目標理想才能夠得以實現。每一個有理想的銷售員，都應該為自己樹立一個明確的目標，並且能夠以飽滿的熱情立即將目標付諸實踐。需要注意的是，在必要的時候能夠將大目標分解為一個小目標，這樣目標就不會太遙遠，太遠讓我們覺得無法實現。

目標決定高度

一個人活在這個世界上如果沒有奮鬥目標，就像沒有舵的孤舟在大海中漂泊。沒有舵的孤舟，無論怎樣奮力航行、乘風破浪，終究無法到達彼岸。

一個人如果沒有人生目標那是一件非常可怕的事情。卡內基曾說：「毫無目標比有壞的目標更壞。」因為沒有目標未必是這個人無所事事，而是這個人很可能無所作為。

無數的事實證明，要想成功，必須要有明確的人生目標。沒有人生目標，也就沒有具體的行動計畫；沒有行動計畫，做事就會敷衍了事，也就沒有責任感，更談不上什麼意志堅強，鬥志昂揚了。沒有目標，什麼才能和努力都是白費的。

有很多銷售人員由於沒有目標而最終一事無成，不得不另謀他職。

事實一再表明，一個人只有制訂積極的、符合自身實際情況的目標，才能改變工作中、事業上的不理想現狀。當你為自己制訂了一個遠大的目標，並承諾為實現這個目標而努力奮鬥時，你便會感覺到湧動在你心底裡的巨大潛能，並會感覺到有使不完的精力。頂尖級的銷售人員都有著一股鞭策自己的神祕力量，當一些銷售新人因膽怯而徘徊不前時，他們卻能憑藉著高度的樂觀、自信、上進心，以及內心的自發力量，把恐懼和挫折統統控制住。他們堅信自己一定能夠實現目標，他們總是這樣激勵自己。

　　美國最有名的銷售人員史東在 20 歲的時候搬到芝加哥，開了一家叫作「聯合登記保險公司」的保險經紀社。儘管公司中只有他一個人，但他仍決心辦好這個公司。

　　就在開業的第一天，他便在熱鬧的北克拉街推銷出 54 份保險。不過，即使一開業就取得了一個好彩頭，但是很多人都認為史東的這個公司肯定運行不了幾天。然而史東則堅信自己一定能成功，為此他每天都給自己定下一些高目標來完成。他堅信自己還能完成更高的目標，多售出幾份保險。在肯定自己一定行的前提下，在朱莉葉城，他平均每天成交 70 份保險，最高紀錄是一天售出 122 份。在不懈的努力下，公司也一天天興旺起來，不僅在芝加哥站穩了腳跟兒，還在伊利諾州的其他地區也開闢了保險業務。在經過不斷的自我提升、自我成長中，他達到了很多人都無法達到的目標。

　　自我提升、自我激勵對於每個人實現目標都有很大的促進作用。從本質上說，自我成長、自我提升源於自信。當人們有了某種需要，它就會激勵人們用行動去實現目標，以滿足需要。當目標還沒有實現的時候，這種需要就成為一種期望。而期望就是一種激勵力量，它會成為達到目標的動力之源。

　　如果你是一位缺乏經驗的銷售新人，當你遭遇到困難、失敗時，一定要告訴自己「我不怕困難和失敗，也不會輕易被打倒」，並以此激勵自己去奮鬥，最終一定能取得成功。如果你是一位奮戰多年的銷售員，那麼你就應該不斷給自己提升新的目標，一再嘗試，不斷提升自己的銷售目標，不斷突破自己的人生極限。

　　在現實生活中只要一遇到困難，就乾脆敗下陣來；即使困難不大，也不敢去面對，甚至沒有困難了也不敢再去嘗試一下。許多時候，在你

面臨一個大客戶時，你會不會說：「天呀！怎麼來個這麼大的客戶，我可沒有能力辦好這件事。」或者說：「那是個大客戶，最厲害的銷售人員都沒有成功，何況是我這個毫無經驗的銷售新人，最好還是不要去碰釘子了……」

這樣的例子每天都在上演。如果一個銷售人員不看好自己的能力，把目標也定得很小，那就限制了自己的潛能，自然就談不上好的業績。許多銷售人員之所以沒有很好的業績，就是因為一遇到稍有難度的工作就害怕做不到，因而限制了自己的能力和潛能的發揮。

當你認為自己的能力不能做好某件事時，當你說出「我恐怕不行」這樣的話之前，請想想這句話對你的業績有多大影響，想想自己是不是自我設限了。如果是的話，那麼你就要想辦法突破自我。

要突破自我，就別光想自己的能力大小，而要想到自己的潛能大得很，然後立即行動。只要你這麼去想，這麼去做了，你就會發現自己的能力遠遠超過自己當初所預想的。

古人云：「凡事豫則立，不豫則廢。」雖然在實際工作當中，沒有預先設定目標的推銷人員有時也可以獲得事業上的成功，但那都不是真正意義上的成功。制訂目標可以幫助你獲得真正的成功，並且由於你的成功是透過努力工作而獲得的，它便具有了真正的價值和意義。你會極力保護你的勞動成果並使其成長，你非但不會揮霍浪費，反而會把它建立在更加扎實的基礎上。不制訂目標，就不能充分發揮銷售人員的自身潛能；沒有目標，工作中你就會變得無精打采、煩躁不安，從而失去工作信心。

▍立即行動，才能達到目標

只想不做的人只能是空想。成功好比一把梯子，那些把雙手插在口袋裡的人是永遠也爬不上去的。因此，凡事只要想做就要立即行動。

一個勤奮的藝術家，是不會讓任何一個想法溜掉的。

當他產生了新的靈感時，便立即把它記下來。即使是在深夜，他也會這樣做。他的這個習慣十分自然，毫不費力，就像你想到一個可笑的事情時，自然地笑起來一樣。每一個優秀的銷售人員都應該記住這樣一句話：「立即行動！」只要想做，就立即去做！這是一個既平凡又偉大的行為準則，它是優秀員工必備的心態之一。它不僅展現了一個人積極的心態和對高效率工作的追求，也展現了一個人的熱情、勇氣、事業心和務實精神。只有立即行動，才能把人從拖延、低效率等惡習中拯救出來，才能使這些惡習從工作中消失。面對成堆的工作，一個優秀的員工會立即開始行動，因為他明白立即行動起來的重要性。

美國混合保險公司的創始人史東覺得對他一生影響最大的是來自於母親逼他遵守的一個行為習慣——立即就做！從賣報紙的時候起，他就一直遵守「立即就做」的準則。

史東的命運之門開啟於他偶然聽到的一個消息：曾經生意興隆的賓西法尼亞傷亡保險公司因為經濟大蕭條發生了危機，已經停業，該公司屬於巴爾的摩商業信用公司所有，他們決定以160萬美元將這家保險公司出售。

史東想了一個不花一分錢就得到這家保險公司的主意。這個想法實在太美妙了，美妙得讓他不敢相信，美妙得使他甚至準備放棄。但是，放棄的念頭一出現，他就馬上對自己說：「立即就做！」於是史東馬上帶著自己的律師，與巴爾的摩商業信用公司進行談判。下面就是那場精彩的對話：

「我想購買你們的保險公司。」

「可以，160 萬美元。請問你有這麼多的錢嗎？」

「沒有，但是我可以向你們借。」

「什麼？」對方幾乎不相信自己的耳朵。

史東進一步說：「你們商業信用公司不是向外放款嗎？我有把握將保險公司經營好，但我得向你們借錢來經營。」

這真是一個看來十分荒謬的想法：商業信用公司出售自己的公司，不但拿不到錢，還得借錢給購買者經營。而購買者借錢的唯一理由就是自己擁有一群優秀的銷售人員，一定能經營好這家保險公司。

商業信用公司經過調查後，對史東的經營才能很有信心，於是奇蹟出現了：史東沒有花一分錢，就擁有了一家自己的保險公司。之後，他將公司經營得十分出色，成了美國很有名的保險公司之一。

我們身邊有很多這樣的人，當看到別人成功時，總是後悔不已地說：「我原來也想到了，只可惜我們沒像他那樣去做。」各行業中首屈一指的成功人士都有一個共同的特點 —— 他們做事言出即行。馬上去做、親自去做是現代成功人士的做事理念，任何規劃和藍圖都不能保證你成功，很多企業之所以能取得今天的成就，不是事先規劃出來的，而是在行動中一步一步經過不斷調整和實踐出來的。

那麼，企業領導者應該怎樣修練自己立即行動的習慣呢？

▶ **不要等到條件都齊備了才開始行動**：如果你想等條件都齊備了才開始行動，那麼你也許永遠都不可能真正地開始。現實世界中沒有完美的開始時間，你必須在問題出現的時候就行動起來並把它們處理好。

▶ **記住，想法本身不能帶來成功**：想法是很重要，但是它只有在被執行後才有價值。如果你有一個覺得真的很不錯的想法，那就為它做點什

麼吧。一個沒有付諸行動的想法在你的腦子裡停留得越久，就會變得越來越弱。如果你不行動起來，那麼這個想法就永遠不會實現。

▶ **用行動來克服恐懼、擔心**：你有沒有注意到公共演講最困難的部分就是演講之前的等待呢？即使是專業的演講者和演員也會有表演前焦慮擔心的經歷。但是一旦開始表演，恐懼也就消失了。行動是治療恐懼的最佳方法。

▶ **機械地發動你的創造力**：人們對創造性工作最大的誤解之一就是認為只有靈感來了才能工作。如果你想等靈感主動來找你，那麼你能工作的時間就會很少。與其等待，不如機械地發動你的創造力馬達。如果你需要寫點東西，那麼強制自己坐下來寫就可以了：落下筆，你可能靈機一動；你可以亂塗亂畫，透過移動雙手來刺激思緒，激發靈感。

▶ **先顧眼前**：把注意力集中在你目前可以做的事情上。不要為上星期理應做什麼而後悔，也不要煩惱明天可能會做什麼，你可以把握的也只有現在的時間。

目標明確才能一箭中的

在銷售過程中，很多行銷人員就是因為工作沒有方向，不做市場細分、客戶分類、銷售定位，像一隻無頭蒼蠅撞來撞去，偶爾小有收穫，但到頭來兩手空空，有今天沒有明天。他們因為缺乏良好的銷售計畫，導致材料、零件的購置數量、購置時間不準確，材料購置時間的延長，造成交貨期的延長，給行銷工作造成不必要的損失。這是一個不容忽視的低級錯誤。

世界一流效率提升大師布萊恩·崔西（Brian Tracy）說：「成功等於目標，其他都是這句話的注解。」這就是說，工作一定要有計畫才能夠將工

作系統化、科學化，這樣才便於工作安排得合理，充分地利用時間、充分地調動資源、充分地授權。

對於銷售工作而言，它的目的就在於贏得交易成功。成交是銷售人員的根本目標，這是公認的。但是，如果一個行銷團隊或者銷售人員，不能根據自己的實際情況制定明確的銷售目標，那麼，整個銷售活動必將失敗。

小趙是一家潔具公司的銷售人員，他工作努力，能力較強，但是業績始終一般。為了弄明白其中的原因，小趙去請教公司的銷售經理。

小趙對銷售經理說：「我在工作中投入的時間和經歷不比別人少，而且我自認為能力也還行，為什麼我的業績卻總是得不到提升呢？」

銷售經理聽後反問小趙：「你今年的行銷目標是什麼？」

小趙茫然地說：「這個，我倒沒有考慮。」

經理又問：「那你這個月準備完成多少業績？」

小趙回答說：「我盡量努力去做吧，但是具體的數據我還真沒有打算過。」

經理接著問：「那麼明天呢？明天你打算做什麼，是拜訪新客戶，還是回訪老客戶，或是有其他的安排？」

小趙很難為情地說：「我明天準備視情況而定。實際上，我根本就沒有計畫，我認為變化比計畫更多。」

銷售經理聽小趙這麼講，笑著說：「變化當然是存在的，但是如果你能在制訂計畫的時候，明確自己的目標，不管到時候情況如何變化，你都以實現目標為最終所要實現的目的。這樣一來，不管情況如何變化，都不會影響到你的銷售業績。」

小趙聽了銷售經理的這番話後，很有感觸，他說：「經理，我明白了，我現在之所以不能有好的業績，就是因為沒有明確的目標，所以才會

常常不知道自己的方向。有了一點成就的時候我就會鬆懈，遇到困難的時候我會停滯不前。如果我能確立了自己的目標，那麼就能克服我的這些不足，業績自然會提升上去的。」

銷售經理滿意地笑了。

其實，很多銷售人員也犯有和小趙相同的錯誤，自認為工作順利便鬆懈或停下來，而遇到困難後又停滯不前，這都是因為目標不明確或是不合理而導致的問題。

其實，所謂目標，就是我們內心對一項工作完成時所預期效果的描繪。銷售人員在指定目標的時候，既不可妄自菲薄，給自己一個毫無難度的目標，也不可妄自尊大，給自己一個不可能實現的目標。只有符合自己實際情況的目標，才是「明確的目標」。

有一句名言說得好：「商場如戰場。」銷售人員做好銷售工作，就如同帶兵打仗，出發前就要有明確的目的性，要有很好的規劃。沒有目標就如同手持良弓，卻不知箭該射向何處。

如果你只是在紙上寫「想賺很多錢」或「想發財」、「我想成功」這類話是不合適的，因為不夠具體。如果你寫「想賺 10 萬元」，這樣也不具體。因為你還需要明確你想什麼時間得到 10 萬元，比如你想在一年之內賺到。要達到這一目標，你就需要每月賺 8,333 元，即每週 1,923 元。假如你每筆生意的平均金額是 1,940 元，而你的抽成是 10%，你每次可賺 194 元。那麼，你要達到一年 10 萬元的目標，就需要每週做成 10 筆買賣。

在制定了目標之後，我們就應該竭盡全力地去實現它。當然，我們也不能無視現實情況的不可預測性，過度地執著於既定目標。如果外界條件發生了根本性變化，以至於對於實現既定目標產生重要影響，我們也不妨變通一下，做好適時調整。

在邁向目標的過程中，每個優秀的銷售人員都應該監督自己的行動，總結自己的成績，這樣才能激勵自己，取得更好的成績。同時，還需要經常檢查你的目標，定期更新你的目標。倘若工作進展速度超過了預期目標的要求，那也不要鬆懈或停下來。相反，應該更新目標，制訂更高的但必須是能達到的目標。另一方面，倘若工作進展速度落後於目標要求，你已無法實現目標，也不要放棄，應該對自己說，該目標不可行。這時，就應該檢查和調整目標，使它更現實一些，然後集中精力去完成它。

總之，銷售人員應該學會制定明確的目標，如果實際情況發生變化時，也要做出基於目標要求和現實考量的調整，這樣就能穩定從容地提升自己的業績。

┃制定完善的銷售計畫

要讓商品銷售出去，不能忽視的步驟就是制定一份完善的銷售計畫。制定計畫能對以後的工作達到事半功倍的效果。

在軍事戰鬥中，要想取勝，必須做到知己知彼，也就是說不打無準備之仗，做銷售同樣如此。在銷售前，必須做好相對的準備，這樣才不會疲於應付。目標制定了，就要馬上行動。要想實現心中的目標，就要制定具體的計畫。制定計畫，是實現目標的前提條件。

銷售員必須要做到長計畫、細部驟、精安排，在執行銷售計畫書時，銷售員必須要以嚴謹的態度對自己的計畫負責，定期評估並隨時督促自己盡全力來控制計畫的進度，以實現銷售計畫的目標，這樣才能真正做好銷售工作。

安東尼平均每星期要花上半天的時間用來做計畫，每天要花一個多小時的時間來做銷售準備工作，在沒有做好計畫和準備工作之前，他絕不會出門

去拜訪客戶和做銷售業務。不要以為這是浪費時間，正是因為有了完善的計畫與準備，才能使他能一直保持高額的銷售業績。一次，一位新來的銷售員請教安東尼：「安東尼先生，您是怎樣成為汽車行業最頂尖的銷售員呢？」

「因為我會給自己定下遠大的目標，並且有切實可行的實施方案。」安東尼回答。

「是什麼方案呢？」

「我會將年度的計畫和目標細分到每週和每天裡。比如說今年定的目標是 3,840 萬美元，我會把它按 12 個月分成 12 等份，這樣每個月完成 320 萬美元就好了。然後再用星期來分 320 萬，即除以 4，這下子我就不用做 320 萬元的業績了，只要每個星期做 80 萬元就行了。」

「80 萬美元還是太大，怎麼辦？」

「我會把它再細分下去，把它分成七等份，分出來的數就是每天需要完成的簽約訂單目標。目標要定得夠大才足以令我興奮，接著再把目標分成一小塊一小塊的，這樣它就會確實可行。」

做任何工作都要做充分的準備。同樣，在昨天就應該計畫好今天要做的事情，這個月底就應該計畫好下個月應該做的事情，今年年底就應該計畫好明年應該做的事情，並在明年的時候付諸行動把它全部完成。在定立目標計畫時一定要合理，切忌流於形式。

在設定計畫時一定要具體可行，要把目標細分到每週、每天，要讓自己在每時每刻都知道自己應該去做什麼事情。目標高並不是問題，只要有健全的計畫，再高的目標都會變成「現實」。換句話說，目標必須安排在行動的計畫裡。

那麼，為了完成這個業績，應該採取什麼樣的行動呢？安東尼的做法讓銷售人員覺得達成目標是一件非常容易的事情。

　　根據以往的業績，當制定了每個月收入 8,000 元目標的時候，究竟要完成多少交易呢？這就需要根據公司的收入習慣定下一個標準。比方說每筆交易的大小收入不同，如果每筆交易能賺取 2,000 元佣金，一個月做成四筆生意就能賺到 8,000 元。做成四筆生意，要投入多少時間呢？以一位新銷售員來說，每做成一筆生意，一定要接觸四位有誠意的客戶。

　　如何找到一位有誠意的客戶呢？首先，要認識四位客戶，根據經驗，四位肯見面的客戶中一定有一位有誠意。我們的方式是要做成一筆生意，便要抓住四位有誠意的客戶，為了抓到四位有誠意的客戶，我們至少要抓住 16 位肯見面的客戶。如何認識 16 位客戶呢？根據經驗，如果單憑撥電話的方法，當撥出 25 個電話的時候，便會有一位客戶肯見面。要找到 16 位肯見面的客戶，便成為每天的行動目標。凡是成功的人都是能立即行動的人。還猶豫什麼？請馬上行動起來！

　　早晨的時間是決定銷售勝負的關鍵時候，每一個銷售人員都要仔細研究制定如何才能盡早出發的行動計畫。在做計畫之前，讓我們看一下「世界首席銷售員」齊藤竹之助 62 ～ 72 歲時的一天生活安排。

- ▶ 早晨 5 點鐘睜開眼後，他就立刻開始一天的工作。
- ▶ 首先是看書，思考銷售方案，制定當天的銷售行動計畫。
- ▶ 6 點 30 分往客戶家中掛電話，以便最後確定拜訪時間。
- ▶ 7 點鐘吃早餐，與妻子商談工作。
- ▶ 8 點鐘到公司去上班。
- ▶ 9 點鐘乘坐他最喜愛的凱迪拉克轎車出去銷售。
- ▶ 下午 6 點鐘下班回家。
- ▶ 晚上 8 點鐘開始讀書、反省、整理客戶資料，並安排新方案。
- ▶ 11 點鐘準時就寢。

齊藤竹之助先生為什麼能夠取得事業的成功呢？他每天都有周密的計畫，而且嚴格按計畫實施，從早到晚一刻不停地工作。要知道，他是在 57 歲走投無路時才進入銷售界。而他僅用 5 年時間就從負債累累，一躍成為日本首席銷售員。在 70 歲時被美國的「百萬美元銷售員」俱樂部吸收為會員，而後成為俱樂部的終身會員。在 72 歲高齡時成為世界首席銷售員，這一切都是由他那雷打不動的優點帶來的。完善的銷售計畫分為兩種：為銷售而制定的作戰計畫和提供給客戶作為參考的計畫。

1 銷售員的行動計畫

如何制定作戰計畫，方法很多，一般包括以下幾個步驟：

▶ **設定目標，確立銷售觀**：確定銷售觀念或準則，而且要使其具體化，將總目標分解精細化，使其成為指導各部分業務工作的方針和努力的方向。

▶ **進行預測**：不管銷售員的主觀意向如何，實際上是被客觀環境所包圍的。假如你忽略了對客觀環境的分析預測，銷售計畫則只是沙上建塔，空中造樓。

▶ **設想銷售計畫**：銷售計畫是根據銷售員「主觀意向」和所處的客觀環境而加以確定的，為了實現銷售目標，必須突破客觀環境的限制。為此，必須有一個決定用何種方法和如何實現銷售目標的計畫體系。

2 為客戶提供參考的計畫書

它產生的作用非常大，如果能夠制定一份完善的銷售計畫，可以說銷售就成功了一半。銷售員在制定銷售計畫時，總要考慮到以下兩件事：一個是通常銷售中所具有的共同點；另一個就是因銷售對象不同可能出現的

各種情況。一般來說，銷售員在工作時所使用的都是本公司編製的商品手冊。公司的商品手冊中，概括說明了所經營商品的主要特徵，是適用於所有客戶、所有銷售員的共同語言編寫的。由於千篇一律，大家都使用它，所以，不僅對銷售不會達到太大的作用，而且很容易使客戶感到厭煩。因此，應該根據不同的銷售對象，自己編寫相對的資料。以公司印發的商品手冊為基礎，反覆研究、設想，假如自己是客戶，將會怎樣想，應該為客戶提供什麼樣的最佳參考計畫。這樣就能做到因人而異，正中下懷。

　　當客戶是某家公司時，就要以公司的商品手冊為參考，依照這家公司的規模來編寫計畫。無論對方擁有一百名、還是一千名職工，無論對方的財會人員怎樣反覆審查、研究銷售員提供的計畫書，都會使其覺得編的確實非常不錯。要制定出具有如此效力的計畫來，銷售員有必要進行一番有關財經知識的學習。

　　當客戶認為編制的計畫切實可行時，銷售員可以從這家公司具體負責此項工作職員的角度來考慮，制定一份供其在公司內部討論時使用的會議草案、提案附上。許多銷售員都是由於忽略了這一點，以至於再三催促，可是怎麼也不能得到回音。因為擔負具體工作的職員，往往不能完整地將銷售員的原意轉達給主管，所以導致銷售不能正常進行。

　　銷售員如果把計畫做的非常細緻，一旦第一次銷售獲得成功，第二次再搞時只需在計畫書上加入客戶的姓名、出生年月日、職務級別等即可。在客戶中，有些人甚至比銷售員更為精通商品知識。現在要靠說謊、故弄玄虛欺騙客戶是行不通的。而編寫合情合理並能使客戶同意的計畫，就成為銷售要點。依靠獨創精神，無論什麼樣的銷售計畫都能制定出來。另外，客戶常常希望得知簽定合約與不簽定合約之間的區別，到底有什麼利害得失。因此，就要編製一份囊括這兩種情況的比較分析表。

把大目標分解為小目標

　　很多事例都在告訴我們：目標很重要，而把大目標分成若干小目標也同樣重要。因為設定小目標是實現大目標的有效方法。

　　有一位馬拉松賽跑的世界冠軍就是用這個方法得到冠軍的。他說：「跑完全程是很艱苦的事。為了緩和心裡的痛苦，我通常在事先去看看全程的情形。比如：跑到某座大樓時是幾公里，跑到某座橋時，又是幾公里。然後，我先把全程分成幾個小終點。當跑完一個小終點時，我的心情就會輕鬆一些。我就是用這種方法跑完全程並創造新紀錄的。」這個故事很好地詮釋了古人的格言：不積跬步，無以至千里。

　　是的，再遠的路程，也是由一步一步組成的。不管做什麼事情，如果你一開始想的就是怎樣實現大目標，那麼很可能因為它太大，而使你感到渺茫。這會使你缺乏信心，缺乏幹勁。俗話說：「飯要一口口吃，路要一步步走。」大的目標必須要分成若干個小目標，這樣，逐個去實現一個個小目標，當小目標逐個實現，大目標就一定會水到渠成。這樣做，肯定要比「一口吃成個胖子」更容易。在實現小目標的過程中，你的信心會逐漸增強，幹勁逐漸增大，效率逐漸提升。

　　因此，對於工作，我們不僅要制定長期規劃，比如說十年規劃，也需要定出短期目標，比如年目標、月目標、週目標，乃至日目標。這樣，大目標才更容易實現。

　　銷售工作也是如此。著名銷售員喬·坎多爾弗（Jo Candorf）曾說過：「身為一名銷售員，你必須為自己樹立能夠達到的實際目標。當你達到了這些目標，就把目標再提升一點，並再努力去達到。倘若你只建立了長期目標，而沒有建立相對的中、短期目標，那麼長期目標就會變得遙遙無期，甚至難以達到。它會使你洩氣，甚至鬆手作罷。幾十年來，我為自己

制訂和提出日銷售目標和周銷售目標。這些短期的目標使我有能力完成我的長期目標。我所要達到的，就是每週一定的銷售量。」

　　每一個優秀的銷售人員都要學會細分自己的目標，細分到每週、每天都做哪些事情。目標高不是問題，只要有健全的計畫，目標就逐漸會變成「現實」。譬如：你決定今年的銷售目標是 120 萬元，那麼平均每個月的銷售應該達到 10 萬元。為了達到這個業績，你應該採取什麼樣的行動呢？

　　根據以往的業績，你平均一家的銷售額是 5,000 元。要達到你的目標，你就必須銷售 20 家。再調查過去的資料，你會發現，拜訪 5 家才有成功 1 家的機率。這樣，你每個月必須拜訪 100 家顧客，平均每週 25 家，每天 4 家。但是，為了獲得 4 家商談的機會，應該把被拒絕的機率也算進去。因此，你每天必須拜訪 8 家以上顧客。這樣，每天訪問 8 家顧客便成為你每天行動的目標了。

第 4 章
提升形象，推銷產品先要推銷自己

　　形象是銷售員的一張臉。每個銷售員都應該注重自己的形象，我們在推銷產品的時候首先要推銷的是自己。

▎注重自己的儀表

　　人都是先看儀表的，外在形象關係到我們留給別人的第一印象。身為一名銷售員，如果你的儀表過不了關，那麼客戶就會對你的商品失去興趣。客戶會想，這麼儀表都打理不好的銷售員，能拿得出什麼好商品嗎？因此，銷售高手都十分注意調整自己的儀表，以期給客戶留下良好的印象。

　　日本銷售界流行一句話：「如果你想成為一流的銷售員，就應先從儀表修飾做起。」而美國最優秀的銷售大師法蘭克・貝格也曾說過：「外表的魅力可以讓你到處都受到人們的歡迎，不修邊幅的銷售員給人留下第一印象時就失去了主動。」

　　8 月分的一個炎熱的下午，一位銷售鋼材的專業銷售員，走進了一家製造公司的總經理辦公室。這位銷售員身上穿著一件有泥點的襯衫和一條皺巴巴的褲子，嘴角叼著雪茄，含糊不清地說：「您好，先生，我代表○○鋼鐵公司。」

　　「你好！你代表○○公司？」這位經理接著說道：「聽著，年輕人，我認識○○公司的高層主管，你沒有代表他們，你的形象和外貌代表不了他們。」很明顯這是一位失敗的銷售員。

　　有人說著裝打扮不是萬能的，但裝扮不得體是萬萬不行的。這話確實很有道理。如果你穿著得體，信心自然會大增。

　　剛入行做推銷時，亞伯特的著裝打扮非常不得體，他公司一位最成功人士對亞伯特說：「你看你，頭髮長得不像個推銷員，倒像個以前的橄欖

球運動員。你該理髮了，每週都得理一次，這樣看上去才有精神。你連領帶都不會繫，真該找個人好好學學。你的衣服搭配得多好笑，顏色看上去極不協調。不管怎麼說吧，你得找個行家好好地教你一番。」

「可是你知道我根本打扮不起！」亞伯特猶自辯解。

「你這話是什麼意思？」他反問道，「我是在幫你省錢。你不會多花一分錢的。我跟你講，你去找一個專營男裝的老闆，如果你一個也不認識，乾脆找我的朋友斯哥特，就說是我介紹的。見了他，你就明白地告訴他你想穿得體面些卻沒錢買衣服，如果他願意幫你，你就把所有的錢都花在他的店裡。這樣一來，他就會告訴你如何打扮，保證你滿意。你這麼做又省時間又省錢，幹麼不去呢？這樣更易贏得別人的信任，賺錢也就更容易了。」

聽起來真新鮮。要知道，他這些頭頭是道的話，亞伯特可是從來都沒有聽說過的。

亞伯特去一家高級的美容院，特別理了個生意人的髮型，還告訴人家以後每週都來。這樣做雖然多花些錢，但是很值，因為這種投資馬上就賺回來了。

亞伯特又去了那位朋友所說的男裝店，請斯哥特先生幫他打扮一下。斯哥特先生認認真真地教亞伯特打領帶，又幫亞伯特挑了西裝，以及與之相配的襯衫、襪子、領帶。他每挑一樣，就評論一番，解說為什麼挑選這種顏色、款式，還特別送亞伯特一本教人著裝打扮的書。不光如此，他又對亞伯特講一年中什麼時候買什麼衣服，買哪種最划算，這幫亞伯特省了不少錢。亞伯特以前老是一套衣服穿得皺巴巴的才知道換新，後來注意到還得經常洗熨。斯哥特先生告訴亞伯特：「沒有人會好幾天穿一套衣服。即使你只有兩套衣服，也得勤洗勤換。衣服一定要常換，脫下來掛好，褲

腿拉直，西裝送到乾洗店前就要經常熨。」

過了不久，亞伯特就有足夠的錢來買衣服了。亞伯特又知道斯哥特所講的省錢的竅門，便有好幾套可以輪換著穿了。

還有一位鞋店的朋友告訴亞伯特要經常換鞋，這跟穿衣一樣。勤換可以延長鞋子的壽命，還能長久地保持外形。

在銷售過程中，你要想贏得別人的信任，就得在穿著上使自己看上去很得體，外表的魅力可以讓你處處受歡迎。如果是一個不修邊幅的推銷員，他在第一印象上就失去了主動，還談何推銷成功。

那麼，我們到底應該怎樣注重自己的儀表呢？具體應該如何做呢？

1 保持標誌性儀態

據個人形象專家介紹，別人對你的第一印象一半以上受你的外在形象影響。你的個人風格和你的企業密切相關，是你公司的象徵。當你已形成自己的風格，別人也都看到了你的這種風格，它也就融入了你的外表之中，成了你的商標。

2 自如掌控肢體語言

塑造一個標誌性的儀態只是展示管理者魅力的第一步。你還要注意你的肢體語言所傳遞的資訊。如果你的肢體語言表現出缺乏自信，你的信譽和專業精神都將受到質疑。

人際交流專家、女性總裁組織的總裁瑪莎‧費爾斯通博士說：「一個特定的資訊可以由多種非語言的行為來傳遞。如果在一次特定的交流中，持續出現一種表達積極訊號的非語言的行為，那麼這次交流肯定是向著積極的方向發展。」這種非語言的訊號有可能在幾秒鐘之中摧毀你的信心。

例如：緊張得坐立不安是很多經理人都存在的問題，這令他們看起來缺乏信心，而這個形象缺陷是很難克服的。

3 重視臉部表情

人們有充分的理由相信，臉部表情能最好地說明人的情緒。假設你看到一個人愁眉苦臉，你會對他的情緒和性格做出什麼樣的判斷？一般來說，人們往往不知道自己平時的臉部表情是什麼樣子的，所以重視臉部表情就顯得極為必要。

4 調整好你的姿態

一位自以為樂觀活潑的女士驚訝地發現同事經常問她「你哪裡不舒服？」或建議她「打起精神來」。原來她沒意識到，是她鬆弛無力的姿態使她顯得無精打采。不久，她就知道，採納「抬起下巴」這條建議可以使自己顯得更加自信。

萎靡不振的姿態表明你缺乏信心，使你看上去疲憊、漫不經心或者冷漠，這是一個精明的管理者的大忌。如果身體挺直了，你不僅看起來更有精神，而且會顯得更有信心。姿態是無聲的語言，它在你開口說話之前就傳遞出了資訊，使人對你產生印象。

男性銷售人員的著裝要領

現代商務活動中，男性最正統的服裝是西裝。穿西裝要得體，要穿出自己的風度來。不規範著裝，自以為是，往往會貽笑大方，影響自身形象和交際效果。在正式來往場合中的著裝，不應該漫不經心。西裝必須合身，領子應貼近襯衫領口而且低於襯衫領口 1 ～ 2 公分。上衣的長度應垂

下手臂時與袖口相平。肥瘦以穿一件厚羊毛衫後鬆緊適宜為好。褲子應與上衣相配合，在購買西裝時應該選擇套裝。

　　領帶的搭配也很重要，領帶的材質以真絲為最佳，其圖案與色彩可以各取所好。但在打條紋領帶或格子領帶時，就不應穿條紋西裝。領帶的長度以其下端不超過皮帶口位置為最佳。領帶的顏色，應選擇中性顏色，不宜過暗或過亮。

　　在非正式場合，穿西裝可以不打領帶，只是襯衫最上面的那粒扣子不應扣上。裡面不要穿高領棉毛衫，以免裡面的棉毛衫露到外面來。

　　如果公司配有工作服，也可穿工作服，但注意衣服的整潔，不能有任何的汙垢，汗衫應穿白色的，要注意領口和袖口的乾淨，夏天時要注意熨平。

　　另外，頭髮應及時梳理，不得留鬍鬚，保持整潔，手部也應注意清潔。襪子應避免選擇白色，因為他很可能分散客戶的注意力。鞋子應注意擦亮，因為據心理學家研究統計，女性最反感男性天天不擦皮鞋。

　　因此，男性銷售人員應在著裝上多加投資和重視。試想，你是一名銷售人員，穿著筆挺的西裝，帶著名牌領帶，然後去和你的客戶進行談判，你會對自己非常有信心；反之，如果你著裝很一般、很隨便、不得體，而你的客戶著裝考究且莊重，相比之下你會失去對自己的信心。

▶ 穿休閒襯衫時不要忘記搭配卡其布、亞麻布等相同休閒風格的褲子以及休閒鞋，顏色的選擇則可以大膽一些，不必拘泥於黑色、灰色等保守色系。

▶ 皮膚黑黃的人穿綠、灰色調的襯衫會顯得更黑更黃並且會造成有些髒的感覺；皮膚白皙的人穿亮麗的襯衫能將皮膚襯托得很白皙，但這往往會使男人顯得太女性化，缺少陽剛之氣，當然這也是中性潮流湧動的當代時尚之選。

▶ 胖人穿小方領的襯衫會顯得有些拘泥、局促，應該選擇帶尖的大領型襯衫更合適。

▶ 高大端莊的人穿襯衫不用選擇那種領子上綴有裝飾鈕扣的襯衫，儘管目前正流行。

▶ 穿花襯衫時一定要避免帶大量的金銀飾品，別人會以為你是一個擺地攤做買賣的小暴發戶。

　　當然，看了這麼多條規則，你對內外、上下服裝的搭配依舊沒有把握，那就謹記一條，白襯衫無論搭配什麼都合適。

　　那麼，具體應該怎樣搭配呢？

▶ **黑色西裝**：穿以白色為主的淺色襯衫，可配灰、藍、綠等與襯衫色彩協調的領帶。

▶ **灰色西裝**：穿以白色為主的淺色襯衫，可配灰、綠、黃或磚色領帶。

▶ **藍色西裝**：穿粉紅、乳黃、銀灰或明亮藍色的襯衫，可配暗藍、灰、黃色領帶。

▶ **褐色西裝**：穿白、灰、銀色或明亮的褐色襯衫，可配暗褐、灰色領帶。

　　與此同時，男銷售員還要注意一些著裝禁忌：

▶ **是西裝還是棉服**：選擇衣料不當、不注意熨燙，口袋鼓鼓囊囊，袖口留著標籤，怎麼看都不體面。許多男士誤以為穿線條鬆垮、有大墊肩的西裝，才能撐得起男子漢的架勢。其實，一套西裝要穿得體面，最重要的就是合身。在合身的前提下，再綜合考慮自己的臉型、身高和肩寬等因素來選擇西裝。

▶ **忌塞滿物品**：西裝講究線平順，穿西裝時口袋裡的東西盡量精簡為

佳，最好只裝一個錢包。切忌在西裝褲上掛著手機、大串鑰匙，這會
破壞西裝褲的整體感覺。

▶ **忌襪子搭配不當**：在西裝的搭配中，襪子也是展現男人品味的細節。
襪子的材質應為棉質。標準西裝襪的顏色是黑、褐、灰、藍，以單色
或簡單的緹花為主。要注意使西裝褲、皮鞋和襪子三者的顏色相同或
接近。襪口最好不要暴露在外。

▌女銷售員著裝應注意的細節

　　女銷售員的衣服相對來說會有更多選擇。通常不需要穿很正式的西裝
套裝，不過如果從事的業務涉及高端的商品或者說是金融商品，那麼最好
還是穿正式的西裝套裝，可以提升自己的可信度。儘管女銷售員有很多選
擇，但值得注意的是，更多的選擇意味著需要更加謹慎。絕對不要緊跟時
尚。你是一個職業從業人員，前衛的時尚服裝都不適合你的身分，它們也
不會對你產生任何積極的作用。建議你採用非常中庸的造型，這樣一來，
對於追求另類新穎的年輕客戶看來，你不是太保守；對於年紀較大思想保
守的中老年客戶看來，你也是一個可以信賴的人。大方簡潔的衣服也許不
能給你增色，但是至少不會給你帶來負面影響，它不會讓你看起來是輕狂
的或者淺薄的，相反，一個循規蹈矩的形象或許能夠提升你的信任度！

　　女性銷售員的儀表具體應注意以下幾點：

▶ **著裝要正確**：女士服飾包括帽子、職業裝、裙子、褲子、提包與配飾
等。女士在商務場合也不應戴帽子，晚宴除外。女士在商務場合應著
職業裝，款式分為職業套裙或西裝（褲裝）。女性銷售員要保持服裝
淡雅得體，不得過度華麗。

裙子不能太短，不要穿牛仔裙或帶穗的休閒裙。如果是褲子的話要保持平整，有褲線；但是不能穿過瘦的褲子，也不要穿吊腳褲。

▶ **化妝要淡雅**：女性銷售員最好是淡妝，口紅以淺色調非常好，最好是接近本色。

▶ **不留長指甲**：盡量不要留長指甲，如果抹指甲油也最好是淺色。

▶ **佩戴首飾要低調**：女性可以帶非常細小的項鍊和耳墜，不宜過大過粗。商務場合不適合帶太多的首飾，一般不超過兩樣，首飾的款式不要太誇張，不要戴時尚的工藝首飾。

▶ **盡量穿高跟鞋**：女性在商務場合最好穿高跟鞋，這樣會顯得更加職業。不能穿拖鞋，有的女性銷售員，由於天熱，就穿著拖式涼鞋拜訪客戶，這樣會顯得太隨便了。

▶ **長筒襪**：女性銷售員就是在大熱天，也應穿長筒襪，並且要注意絲襪不要破洞。

▶ **提包**：女士用的提包不一定是皮包，但材質一定要好，要與服飾搭配起來，要顯得莊重。不能只拎一個紙袋或塑膠袋，不能背雙肩包，不能只拿一個化妝包。

女銷售員應該時刻保持端莊得體的形象，不能太隨便。

女銷售員的修飾要盡量簡單，不要給人繁複之感。銷售員的妝容要光彩照人而不要過度嚇人，濃淡得宜是化妝中最重要的事情。經過化妝之後，銷售員可以擁有良好的自我感覺，身心愉快、振奮精神，可以緩解來自外界的種種壓力，而且可以在人際社交中，表現得更為自信、自如。那麼女性銷售員應該注意那些化妝技巧呢？

▶ 淡妝為宜：主要特徵是，簡約、清麗、素雅，具有鮮明的立體感。它既要給人以深刻的印象，又不允許顯得脂粉氣十足，整體來說，就是要清淡而又傳神。妝化得過於濃豔，往往會使人覺得她過度招搖和粗俗。

▶ 避免過量地使用芳香型化妝品：使用任何化妝品都不能過量。就芳香型化妝品，尤其是這一類型的代表 —— 香水而言，更應該銘記這一點。實際上，當人們過量地使用香水，不但有可能使人覺得自己表現欲望過於強烈，而且還有可能因此「摧殘」他人的嗅覺，並引起對方的反感或不快。尤其是在商務來往中，有許多地方空氣流通不暢，如書房、會議室、會客室、電梯間、車庫等地方，銷售員更要注意這一點。

通常認為，與他人相處時，自己身上的香味在一米以內能被對方聞到，不算是過量。如果在三米以外，自己身上的香味依舊能被對方聞到，則肯定是過量使用香水了。

▶ 避免當眾化妝或補妝：常常可以見到一些女士，不管置身於何處，只要稍有閒暇，便會掏出化妝盒來，一邊「顧影自憐」，一邊「發現問題，就地解決」，旁若無人地「大動干戈」。這樣做顯得很不莊重，並且還會使人覺得她們對待工作用心不專，只把自己當成了一種「擺設」或是「花瓶」。如果需要補妝可以到專門的化妝間，而不要當眾進行。

▶ 不要出現殘妝，以免給人留下做事缺乏條理、為人懶惰的印象。

▶ 不可以評價、議論他人化妝的得失。

一張好名片就是成功的起點

　　名片已日漸成為現代商業來往中不可缺少的必備工具之一，名片是建立誠信、提升知名度、開發銷售管道最實惠的工具。很多銷售人員卻並不重視名片在銷售中的作用，對名片的理解也過於狹隘，於是造成了在許多的商業社交場合不帶名片，帶了名片也忘了發送名片，有的還存在名片資訊不清楚，甚至塗改，電話號碼已更改等情況，殊不知這些看似無傷大雅的細節問題往往會影響交易的達成。

　　由於名片直觀，保存方便，因此在銷售過程中有著不可替代的作用，一張搶眼的名片更能提升名片所帶來的效用。

　　因此，在製作名片時，必須做到以下幾點：首先，設計要個性化。當然，這裡說的個性化並不是華而不實、特立獨行，而是指要有自己的特色。顏色不能太花俏，要美觀大方，呈現專業感。其次，需要顯示的資訊必須清楚明確。名片上要能一目了然地顯示出公司名稱，突出商標，自己的名字及職務要清楚無誤，還要簡潔明瞭地介紹出主要產品或者行業，特別是要表示出你所推銷的產品的內容。這樣才能讓客戶在一段時間之後還能想起你所推銷的產品。第三，電話不要寫太多，只要顯示出你的辦公電話、手機號碼等即可，以便於連繫。第四，不要在名片上寫太多無關的職務，也不要寫太多公司。一些銷售員怕別人不夠重視，把所有集團公司的名稱都寫在名片上，讓人眼花繚亂，反倒不利於業務的開展。

　　喬‧吉拉德是金氏世界紀錄的世界汽車銷售冠軍，他曾做過某公司的採購部經理。有一次，他負責採購一批金額約 300 萬美元的辦公設備。本來他已經決定向 S 公司購買了。一天，S 公司的銷售負責人打來電話，說要來拜訪他。他心想，對方一來就可以在訂單上簽章了。不料對方提前來訪，原來是因為對方打聽到其公司的子公司打算要更新辦公設備，希望子

公司需要的各種設備也能向 S 公司購買，所以 S 公司的銷售負責人帶著一大堆資料，擺滿了桌子。當時，吉拉德正有事，於是便讓祕書請對方稍等一下，對方等了一會兒，不耐煩地收起資料說：「您先忙吧，我改天再來打擾！」也許對方認為他沒有決定權吧。這時，喬‧吉拉德突然回來，發現對方正準備離去時不小心把他的名片丟在地上，而且上面還留下了非常清楚的腳印。不僅如此，那位銷售負責人撿起了他的名片後，隨手就塞到了褲袋裡。這種失誤等於是褻瀆他的尊嚴。於是，他一氣之下，便向別的廠商購買了辦公設備。

　　由此可見，不注重名片禮儀，甚至會毀掉一樁生意。因此，一個優秀的銷售人員必須重視名片，並學會恰當使用。

　　一般情況下，索取名片不宜過於直截了當。要想索取別人的名片，最省事的辦法就是把自己的名片先遞給對方。所謂「來而不往非禮也」，當你把名片遞給對方時，對方不回贈名片是一種失禮的行為，所以對方一般會回贈名片給你。銷售人員在很多時候都會遇到來往的對方的地位身分比自己高的情況，這種情況下把名片遞給對方，對方很有可能不會回贈名片。如何避免這一尷尬局面呢？最好的辦法就是在遞名片時，略加詮釋。在這種情況下，只要是稍微有些修養的人都不會不贈名片給你。就是他真的不想給你，那他也會找一個適當的藉口，不致於使你陷入很尷尬的境地之中。

　　銷售人員還需要學會管理所擁有的名片，倘若收到後就隨意亂放，到想要用的時候就很難找到，也自然就難以發揮名片的功效了。因此，銷售人員接到名片後，要及時分類整理所收到的名片，以便日後使用。不要將它們隨意夾在書刊、文件當中，更不能把它們隨便地扔在抽屜裡面。存放名片要講究方式方法，做到有條不紊。銷售人員可以按姓名的拼音字母、

姓名筆劃分類；也可以按部門、專業、地區等特徵分類；或者輸入手機的APP 軟體、電腦等電子設備中，便於管理及分類。

總之，名片是銷售人員一個展現自己的小舞臺，一定要充分了解和發揮它的功用。

讓「微笑禮儀」成就你的好業績

在日常人際社交中，最能迅速傳遞給對方資訊的，是你的臉部表情。微笑，一種令人感覺愉快的臉部表情，展示著你的誠意，象徵著你的友善，即刻會縮短你與對方的心理距離，為溝通和來往營造出一種和諧氛圍。

當約翰正要離開一位準客戶的辦公室時，他注意到一位英俊的年輕人坐在這位經理的辦公室外面。

「從他身旁經過時，我向他微笑，他好像被逗樂似的也向我微笑。我們談了一小會兒，然後我問他是否願意一起吃個午餐。他表示願意。之後我又回到他的辦公室，向他介紹了更多關於我的產品的情況——多年之前他曾聽過一次，他這樣說。在他問我每年這樣他能省下多少錢時，我基本上有把握可以用任何價格賣給他這個產品。」

這次銷售還帶來了許多其他銷售，所以約翰這樣說：樂觀是恐懼的殺手，而一個微笑能穿過最厚的皮膚。每一個準客戶的心中都有一個微笑，你發自內心的微笑能把它引出來。你每一次微笑，都會讓自己的生活和別人的生活更明亮。一個微笑要在眼睛裡有閃光，它不是你有時看見的僵硬的人為臉部扭曲。

因此，身為一名優秀的銷售員，你就必須在生活中有意識地去練習微笑。微笑本身和個性的內向與外向無關，只要肯去訓練，不管是什麼樣的人都可以擁有迷人的微笑。

　　不要把微笑當做難事去訓練，只要努力就行了。然而，笑容本身還是有分別的，並非都適用於銷售，只有充滿溫暖、親切而又富魅力的笑容，才能在銷售中「一笑平天下」。

　　訓練笑容並不是一件非常容易的事情。每天對著鏡子擺笑臉，的確是非常枯燥的事。可是為了達到目的，就必須有所付出。銷售人員務必要使自己的笑容親切、開朗，只有這樣，才能讓客戶一見面便能打開心扉並坦然地接受你。千萬避免皮笑肉不笑，這樣會招致反效果。

　　艾倫是美國銷售壽險的頂尖高手，年收入高達百萬美元。而他成功的祕訣就在於擁有一張令客戶無法抗拒的笑臉。

　　艾倫原是美國棒球界的知名人士，退役後想去應徵保險公司銷售人員。他認為利用自己在棒球界的知名度，一定會應聘上的，沒想到卻慘遭淘汰。人事經理對他說：「保險銷售人員必須有一張迷人的笑臉，而你卻沒有。」

　　艾倫的倔強性格使他不但沒有洩氣，反而促使他一定要練出一張笑臉，他每天在家裡大笑百次，弄得鄰居以為他因失業而發瘋了。

　　為了避免誤會，他索性躲在廁所裡大笑。他搜集了許多明星人物迷人的笑臉照片，貼滿房間，以便隨時觀摩學習。另外，他買了一面與身體一樣高的大鏡子放在廁所內，以便每天進去練習大笑三次。經過長時間的練習，他終於練出了一張迷人的笑臉，而憑著這張「嬰兒般天真無邪的笑臉」，他成為了壽險行業的銷售冠軍。已經成為百萬富翁的艾倫經常說：「一個不會笑的人，永遠都無法體會到人生的美妙之處。」

　　一名優秀的銷售人員永遠都要記住，真誠動人的微笑會令顧客備感親切，難以忘懷；會使顧客心裡覺得像喝了蜂蜜一樣的甜美。如果你展露的笑容缺乏自然感和親切感，那就要像艾倫那樣，每天抽空對著鏡子勤加練

習了。

身為一名銷售人員，你不需要把聰明掛在臉上，但時刻不要忘記把微笑掛在臉上。對於致力於與客戶溝通的銷售人員來說，將微笑掛在臉上是十分重要的。

微笑是人和人來往最通用的語言，在銷售人員和客戶的來往過程中，微笑有著重要的溝通作用。

和客戶第一次接觸時，臉上有燦爛的微笑往往能夠讓客戶放鬆戒備。沒有什麼人會拒絕笑臉迎人的銷售人員，相反人們只會拒絕滿臉陰沉，顯得十分專業的銷售人員。

在處理客戶異議的時候，臉上同樣要掛著微笑。因為此刻的微笑代表銷售人員的自信，自信有能力圓滿地解決問題，自信能夠讓客戶滿意。

當對顧客要求表示拒絕時，臉上同樣要有微笑。此刻的微笑表示銷售人員很認同客戶的觀點，但是確實無能為力，還希望客戶能夠體諒。

當達成交易與客戶道別時，臉上還是要有微笑。此刻的微笑表示，銷售人員十分感謝客戶的購買，對商談的結果十分滿意。

當未達成交易和客戶道別時，臉上理所當然地也要有微笑。此刻的微笑表示雖然沒有達成交易有些遺憾，但友誼已經建立，以後肯定還有合作的機會。

在銷售的過程中，你要始終把微笑掛在臉上，無論你遇到什麼情況，微笑是銷售的一種禮儀，也是每一個銷售人員必須練就的基本功。

▍商務宴會的禮儀

在宴會中，每一個優秀的銷售人員都要樹立優雅的用餐形象，從而為商務來往的成功增加必要的砝碼。

　　宴會也是商務活動中經常採用的一種交際方式。不同的宴會有著不同的作用，概括地說，宴會可以表示祝賀、感謝、歡迎、歡送等友好情感。透過宴會，可以協調關係、聯絡感情，有利於促成合作。在用餐時，為了避免破壞氣氛，我們一定要注意以下禮儀規範。

▶ 我們必須了解要宴請的對象、宴請的目的、形式，並選擇合適的宴請地點。

▶ 在點菜時，我們應該考慮客人的飲食習慣，一定要先問過客人，不要自作主張。

▶ 用餐時要注意嚼食物要把嘴閉緊；喝湯時不可以發出聲音；湯或菜太燙時不可以用嘴大力吹出聲音；在嚼食物時切不可與人說話或敬酒；用牙籤時要用另一手或者用餐巾遮掩。

▶ 盡量避免在餐桌上咳嗽、吐痰、打噴嚏、打飽嗝，如果忍不住，應起身到洗手間，萬一來不及而失禮了，應該馬上說「對不起」或者「很抱歉」。

▶ 宴會上不要隨便脫衣或解開衣服鈕扣，如果需要寬衣，應徵得對方同意後去洗手間。

▶ 筷子不要握得太高或太低，上端露出手背三四公分較合適；不要用筷子在菜盤裡胡亂翻動選菜；每次夾菜不要太多；不要在夾菜途中滴湯滴水；不要用嘴吸吮筷子上的湯汁，更不能吮出聲音；不要用筷子敲打盤碗；不要在說話時用筷子對他人指指點點。

　　用西餐時，我們要了解西餐的「4M原則」：第一：Menu，精美的菜單；第二：Mood，迷人的氣氛；第三：Music，動人的音樂；第四：Manner，優雅的禮節。

▶ 刀叉的習慣用法是左手持叉，右手握刀。必須是切一塊吃一塊，不能將盤中的食物全部切碎再吃。

▶ 喝湯時的禮節基本上和中餐差不多，但是用湯匙的時候應該從裡到外舀出，不可盛太滿，不要讓湯水滴下來。

▶ 切牛排的時候應由外側向內側切，如一次未切下可再切一次，但不能像拉鋸子似的來回切割。

與此同時，我們還應該注意以下幾點：

▶ 要照顧別人的感受，盡量不要在宴會上抽菸，以免引起其他人的反感。

▶ 不可以為別人夾菜，第一不衛生，第二我們也不知道別人喜不喜歡這道菜。

▶ 宴會上不要過於沉默，要製造一點活潑融洽的氣氛，這樣更有利於溝通。

第 5 章
注重細節，讓客戶和你做永久的生意

一個優秀的銷售員都應該注意一些銷售細節，比如應該及時注意客戶發出的成交訊號，永遠讓客戶先掛電話，永遠都不要和客戶爭辯，千萬不要弄錯了購買的決策人，而且逢年過節的時候，都給你的客戶寄感謝函或致謝卡。當你真正地處理好這些細節的時候，客戶就會與你進行長期合作，你們就可以取得一個雙贏的局面。

┃及時注意客戶發出的成交訊號

無論是在與客戶進行正式的銷售溝通過程中，還是在銷售人員開展的其他銷售過程當中，當客戶有意購買時，他們通常都會因為內心的某些疑慮而不能迅速做出成交決定，這就要銷售人員在銷售過程中密切注意客戶的反應，以便能夠從中準確識別客戶發出的成交訊號，做到這些可以有效地減少成交失敗的可能。及時、準確地利用客戶表露出的成交訊號捕捉成交機會，必須要靠銷售人員的認真觀察和細心體驗，在銷售過程中一旦發現成交訊號，應及時捕捉，並迅速提出成交要求，否則將很容易錯失成交的大好機會。

當客戶產生了一定的購買意向之後，如果銷售人員細心觀察、認真揣摩，就一定能夠從他（她）對一些具體資訊的詢問中發現成交訊號。比如：他們向你詢問一些非常細緻的產品問題，向你詢問產品某些功能及使用方法，打折，或者向你詢問其他老客戶的反應、詢問公司在客戶服務方面的一些具體細則等等。在具體的交流或溝通實踐當中，客戶具體採用的詢問方式各不相同，但其詢問的實質幾乎都可以表明其已經具有了一定的購買意向，這就要求銷售人員迅速對這些訊號做出積極反應。

很多銷售人員之所以得不到訂單，並非是因為他們不夠努力。而是因為他們不懂捕捉客戶成交的具體訊號，他們對自己的介紹缺乏信心，總希

望能給對方留下一個更完美的印象，結果反而失去了成交的大好時機。

小王是某配件生產公司的銷售員，他非常勤奮，溝通能力也相當不錯。前不久，公司研發出了一種新型的配件，較之過去的配件有很多性能上的優勢，價格也不算高。小王立刻連繫了他的幾個老客戶，這些老客戶們都對該配件產生了濃厚的興趣。

此時，有一家企業正好需要購進一批這種配件，採購部主任非常熱情地接待了小王，並且反覆向小王諮詢有關情況。小王詳細、耐心地向他解答，對方頻頻點頭。雙方聊了兩個多小時，十分愉快，但是小王並沒有向對方索要訂單。他想，對方還沒有對自己的產品了解透徹，應該多接觸幾次再下單。

幾天之後，他再次和對方連繫，同時向對方介紹了一些上次所遺漏的優點，對方非常高興，就價格問題和他仔細商談了一番，並表示一定會購買。這之後，對方多次與小王聯絡，顯得非常有誠意。

為了進一步鞏固客戶的好感，小王一次又一次地與對方接觸，並逐步和對方的主要負責人建立起了良好的關係。他想：「這筆單子已經是十拿九穩的了。」

然而，一個星期後，對方的熱情卻慢慢地降低了，再後來，對方還發現了他們產品中的幾個小問題。這樣拖了近一個月後，這筆到手的單子就這樣沒了。

小王的失敗，顯然不是因為缺乏毅力或溝通不當，也不是因為該產品缺乏競爭力，而是因為他沒有把握好成交的時機。

許多銷售溝通最終失敗的結果不是因為你沒有效地說服客戶而造成的，很多時候，客戶已經做好了購買的決定，而你卻沒有及時發現對方發出的這些成交訊號，結果大好的成交機會就這樣被你輕易錯過了。那麼，

怎麼知道是應該成交的時候了呢？客戶的購買訊號有很多，但是很少有直接表述的，這就需要銷售人員仔細觀察、並及時掌握這些暗示的語言動作，從而有利於成交的快速進行。

在一般情況下，以下幾點往往可以表現為客戶的成交訊號：

1 成交的語言訊號

▶ 提出意見，挑剔產品。俗話說：「挑剔是買家」。當顧客提出異議或對產品評頭論足，甚至表現出不滿時，有可能是產生購買的欲望，在盡可能地為自己爭取利益。

▶ 褒獎其他品牌。其實和上邊的道理一樣，顧客是在為自己爭取好的談判地位，以便在下步的購買中得到更多的「便宜」。

▶ 問有無促銷或促銷的截止期限。顧客總是想買到價廉物美的產品。能少掏點就少掏點，畢竟掏腰包對顧客是最痛苦的過程，能有優惠打折贈品的促銷活動消費者是絕對不會放過的。

▶ 問團購是否可以優惠。這也是顧客在變相地探明廠商的價格底線。

▶ 聲稱認識廠商的某某人，是某某熟人介紹的。畢竟這是關係社會、面子社會，人情世故還是非常重要的。

▶ 打聽產品保養、保修之類的售後問題。許多消費者最缺乏的就是消費的安全感，所以顧客對保固維修等等有關事項是必問的問題之一。

▶ 問與自己同行者的意見。人是需要認同和被認可的。在自己拿不定主意或主意已定時，用別人的意見佐證一下是人之常情。

▶ 問送貨的時間或到貨的時間，特別是對一些沒有庫存、需要廠商訂製類的、有一定生產和送貨週期的產品。

▶ 問付款方式。如定金還是全款，分期還是全額等。

▶ 顧客直接「投降」：「你介紹的真好」「真說不過你了」等等。

2 成交的動作訊號

▶ **由靜變動**：在動作上有抄手、抱胸等靜態的戒備性動作，轉向「東摸摸、西看看」的動態動作。俗話說「愛不釋手」。如果顧客對產品動「手」了，至少說明顧客有了購買的意向。

▶ **由緊張到放鬆**：顧客在決定購買前，心理都較為緊張，弦繃得非常緊，有一種購買前很難決策的焦慮和不安。一旦顧客確定下來，心理一般就如釋重負，自然在行為動作上會表現出放鬆的狀態。如坐著的顧客動作有原來的前傾變成後仰。

▶ **看顧客的雙腳**：顧客的雙腳可能透露顧客真實的購買意願。當顧客說，「你不降價，不給我優惠，我真得走了啊」，上身已經有轉身的意思，但顧客的雙腳還沒有走開，表示可能想買的這套產品時，說明顧客還是在揣測商家的價格底線，這時候就要看誰撐得住了。

3 成交的表情訊號

▶ 目光在產品逗留的時間成長，眼睛發光，神采奕奕：俗話說，眼睛是心靈的窗戶。觀察顧客眼睛、目光的微妙變化可以洞察先機。

▶ 顧客由咬牙沉腮變成表情明朗、放鬆、活潑、友好。

▶ 表情由冷漠、懷疑、拒絕變為熱情、親切、輕鬆自然。

4 成交的進程訊號

▶ 轉變洽談環境，主動要求進入洽談室或在導購要求進入時，非常痛快地答應，或導購在訂單上書寫內容做成交付款動作時，顧客沒有明顯的拒絕和異議。

▶ 嚮導購介紹自己同行的有關人員，特別是購買的決策人員。如主動嚮
導購介紹「這是我的太太」，「這是我的主管 XXX」等。

　　根據終端環境的不同，顧客的不同，銷售的產品的不同，店員介紹能
力的不同，成交階段的不同，顧客表現出來的成交訊號也千差萬別，不一
而足，無一定之規。優秀的終端導購可以在終端實戰中不斷總結，不斷
揣摩，不斷提升。總之，如何讀懂顧客的「秋波」，對大多數終端導購來
說，是「運用之妙，存乎一心」。

永遠都讓客戶先掛電話

　　電話不僅傳遞聲音，也傳遞你的情緒、態度和風度。雖然電話是透過
聲音交流，對方看不見你，但你的情緒、語氣和姿態都能透過聲音的變化
傳達給對方。

　　現代社會中，電話已成為商業聯絡的一個重要工具，甚至還出現了電
話行銷，利用電話與客戶交流很方便，可以提升做事的效率。

　　因此，要重視電話禮儀。由於電話在生活中再普通不過，因此人們往
往忽略打電話應注意的禮儀，有些人往往在接聽電話時，還沒等到對方說
「再見」。就重重地掛上電話，雖然這只是一個很小的細節，但卻是一個
十分不禮貌的行為。不管你手頭有多少工作需要盡快處理，也不可粗魯地
掛斷電話，這會讓對方感到你不懂禮貌，素養太低，對你產生壞印象。弄
不好還會影響你與客戶之間的溝通與交流，影響與客戶生意的成敗。

　　萬芳是一家貿易公司的祕書，恰好在她忙得不可開交的時候，接到一
個客戶打來的電話，萬芳在聽了對方的很長的問題後，只做了簡單的回答
就掛了電話。對方還沒有想到萬芳會在他之前掛斷電話，心裡非常不悅地
說了一句：「這麼急，到底在趕什麼啊！」

　　後來這個客戶與萬芳的主管一起聊天時，說到了萬芳掛電話的事，她的主管好像受到了侮辱一般，回來就把萬芳訓了一頓。

　　因為接聽電話而失去重要客戶是得不償失的。因此，接每個電話，都要將對方視為自己的朋友，態度懇切，言語中聽，使對方樂於和你交談。接聽電話時，應該注意傾聽對方的談話，這不僅是對他人的尊重，也展現出你的修養和氣質。同時，適當地給予回應，讓對方感到你有耐心，有興趣聽他講話，這無疑會使對方信任你，客戶的信任對你的工作是非常有利的。

　　即使你案頭有很多工作要做，也不要在接聽電話時表現出不耐煩，尤其是接下來聽抱怨你的工作或公司的情況的電話時更要耐心，專心地傾聽。在電話交談時態度冷冰冰的，急於為自己為公司爭辯，不能平心靜氣地聽對方說話，甚至不耐煩地掛斷電話，這些做法不但不能解決問題，還會進一步使關係惡化，使得問題更難解決。遇到這種情況，首先得耐心聽對方把話說完，然後，再分析問題到底出在哪裡，最後再平心靜氣地與對方商量解決方法，這樣不但留住客戶，而且還給客戶留下了極好的印象。

　　一般來說，通話完畢後，接電話的一方應該先掛電話，打電話的一方等對方掛了電話之後，再輕輕地放下話機。某些情況下即使是你主動打的電話，如果對方比你的職位高、年齡大，你也應該讓對方先掛電話，然後，自己再掛電話。

▍客戶永遠都是對的，永遠都不要和客戶爭辯

　　在銷售過程中，不管客戶如何批評我們，銷售人員永遠不要與客戶爭辯，因為爭辯不是說服客戶的好方法。與客戶爭辯，失敗的永遠是銷售人員，有一句銷售行話說得好：「占爭論的便宜越多，吃銷售的虧越大。」所以說，一旦銷售人員把自己置身於與客戶可能發生爭議的處境，那麼他

的銷售計畫也就宣告失敗。

對於這一點，任何有過銷售經驗的人都不會持有異議。但是，要真正避免爭論卻相當困難。當一名怒氣沖沖的客戶衝到你面前，為不是因為你的過錯而發生的問題大發雷霆、抱怨不迭時，儘管理智告訴你需保持冷靜，但你還是免不了要肝火上升，開始和客戶辯論不休、據理力爭。這是很自然的行為，卻是很不明智的行為。

亞伯是美國的一位汽車推銷員，他對各種汽車的性能和特點瞭若指掌。本來，這對他做推銷工作是很有好處的，但遺憾的是他喜歡爭辯。當客戶過於挑剔時，他總要與顧客進行一番爭論，而且常常令顧客啞口無言，事後他還非常得意地說：「我令這些傢伙大敗而歸。」可是，經理批評了他：「在舌戰中你越勝利你就越失職，因為你會得罪顧客，結果你什麼也賣不出去。」後來，亞伯懂得了這個道理，變得謙虛多了。

有一次，他去推銷 A 品牌汽車，一位顧客很無禮地說：「什麼，A 品牌？我喜歡的可是 B 品牌汽車。你送我都不要！」亞伯聽了，微微一笑：「你說得不錯，B 品牌汽車確實好，該廠設備精良，技術也很棒。既然你是位行家，那我們改天來討論 A 品牌汽車怎麼樣？希望先生能多多指教。」於是，兩個人開始了海闊天空式的討論。亞伯藉此機會大力宣揚了一番 A 品牌汽車的優點，終於做成了生意。亞伯後來成為美國著名的推銷員。

為什麼亞伯以前爭強好勝卻遭到批評，而後來不再與顧客爭辯反而成了模範推銷員？因為他掌握了一個重要原則，那就是：「交易中不宜爭辯。」

作為一個企業，應該講究信譽，進行商品交易時對買方的意見與抱怨應分清是非。有的企業為維護面子，絕不容忍顧客對自己的商品進行挑剔，倘若顧客的意見稍微偏離事實，他們就會奮起反擊，使買方啞口無

言。其實，這是一種錯誤的觀念。企業的信譽不但來源於商品的品質優良、款式新穎、價格適宜、功效實用，而且還來源於科學、嚴格的管理，來源於較好的經濟效益和熱情謙遜的服務態度。而企業的面子是靠全體員工為顧客提供熱情周到的服務來建立和維護的。這種熱情周到的服務必須基於這樣一種認知和宗旨：「顧客是上帝」、「顧客至上」。倘若你能夠意識到這一點，那麼，就應該寬宏大量地對待顧客的意見與抱怨，站在顧客的角度，真誠地理解並歡迎顧客的異議，認真地分析和處理顧客的意見和建議，使顧客在與自己達成協議時保持愉快的心情，獲得滿足的快樂。

舊金山有一家鞋店的老闆應付顧客的方法相當高明。可是他給人的印象並不屬於那種伶牙俐齒型。顧客對他抱怨說：「鞋跟太高了！」「款式好看！」「我右腳稍大，找不到適合的鞋子！」老闆只是點頭不語，等顧客說完後，他才說：「請你稍等。」隨即拿出一雙鞋：「此鞋你一定適合，請試穿。」顧客邊穿鞋邊高興地說：「好像是特別為我定做似的。」於是很高興地把鞋買走了。在推銷員須知中，有一條規則是：別和顧客爭辯！因顧客說的話有其絕對的理由，難以說服。

心理學家指出，用爭論的方法不能改變別人，而只會引起反感；爭論所引起的憤怒常常引起人際關係的惡化。當客戶遭到一位素昧平生的銷售人員的正面反駁時，其狀況尤甚。所以，銷售人員不要對客戶的反對意見完全否定，不管是否在道理上獲勝，都會對客戶的自尊造成一定程度的傷害。屢次正面反駁客戶，會讓客戶惱羞成怒，就算你說得都對，也沒有惡意，還是會引起客戶的反感，因此，銷售人員最好不要開門見山地直接提出反對意見，要給客戶留面子。

銷售人員必須透過訓練養成克制這種行為的習慣，但這種訓練不是指單純地告訴你不能和客戶發生爭論，不能對客戶生氣，這不足以讓你在面

對客戶的無端指責時克制怒火，保持心平氣和。理論和說教解決不了問題，只有透過各種各樣的角色扮演或其他一些實際演練，才有可能在情緒控制方面取得實質性突破。

客戶時常會表現出煩惱、失望、洩氣、發怒等各種情緒。你不應該把這些表現當做是對你個人的不滿。特別是當客戶發怒時，你可能心裡會想：「憑什麼對著我發火？我的態度這麼好。」要知道憤怒的情感通常都會潛意識中透過一個載體來發洩。客戶對你憤怒，是因為把你當成了傾聽對象。客戶的情緒失控是完全可以理解的，而且應得到極大的重視和最迅速、合理的解決。所以你應該讓客戶知道你非常理解他的心情，關心他的問題。無論客戶是否是對的，至少在客戶的世界裡，他的情緒與要求是真實的。

如果客戶在向你發洩他的不滿或他的問題時，你需要了解客戶發怒的原因並作一些解釋，讓客戶理解，使客戶逐漸平靜下來並對你產生信任感，知道你會盡全力來幫助他的。

銷售不是和客戶辯論，客戶要是說不過你，他可以透過不買你的產品來「贏」你啊。不能語氣生硬地對客戶說：「你錯了」、「你怎麼連這也不懂」。這些說法明顯地抬高了自己，貶低了客戶，會挫傷客戶的自尊心。

記住，永遠不要和發怒的客戶爭論。即便你完全了解對方的意思，也不要去反駁，絕對避免用威脅、官腔或無法提供選擇和幫助的態度。

別弄錯了購買的決策人

家庭是組成社會的細胞，是社會生活的基本單位。身為社會消費的最主要單位，對消費者的消費心理的影響也是十分明顯的。家庭的消費價值觀影響家庭成員的價值觀，在家庭中，一個人的消費心理往往是家庭成員

共同作用所形成的。身為銷售人員，一定要掌握好這種家庭角色在銷售中所起的作用，以免事倍功半。

　　銷售的目標受眾是一個很重要的問題。銷售人員在銷售商品的時候，首先要明確溝通訴求的對象。只有找出了銷售的具體對象，才能進一步了解他們在消費中的地位以及心理特徵。換句話說就是，要想賣出商品，首先要知道誰最有可能來掏錢購買。

　　了解產品的定位和自己將要面對的消費群體是銷售的基礎。可以說，在銷售活動中，產品的實際購買者在很大程度上決定了銷售的成敗，選擇適合自己產品的客戶，才能保證銷售成功。

　　在大多數情況下，不同的消費者在不同的商品購買中有著不同的作用。銷售人員面對的消費群體 80%以上是家庭用戶。在家庭消費活動中，有時候，商品或服務的購買者和使用者往往不完全是同一個人。比如父親買了一個籃球，也許自己根本就不打，使用者是他的兒子。正因為家庭成員在購買中分別扮演了不同角色，因此銷售人員必須搞清楚出錢的人和使用商品的人。只有針對性強一些，才有把握將自己的產品推銷出去。

　　比如說，在一個家庭中，衣服的購買者大多是妻子或母親，她們購買的不僅是她們自己的衣服，還包括丈夫和孩子的衣服。所以，在某些購買活動中，承擔購買任務、挑起花錢重擔的很可能都是由一個人來完成的。

　　當然，有一些購買還可能是由家庭成員共同來承擔的。因此，銷售人員就要把主要精力集中在家庭中掌握財政大權的人身上。雖然他提供的資訊和建議不一定被其他家庭成員採納，但他的分析處理在很大程度上是其他人做出決定的重要依據。一般來說，這個掌控財政大權的人在家庭中占有較高的地位，對消費的影響力較大。身為銷售人員，必須有這種先知先覺的嗅覺，掌控這個人的心理，這對銷售將達到非常重要的作用。

　　了解不同的家庭成員在消費活動中扮演的角色，也許是家庭用品銷售人員必修的一門功課。銷售人員要明白以下幾個問題：誰才是最可能對你的產品感興趣的人；誰才是這個產品的最終使用者；誰最有可能成為購買的決定者；誰在決策中發揮最大的影響力；對於不同產品的購買，家庭決策是以什麼方式做出的。

　　銷售人員如果能多多注意這些細節問題，弄清楚家庭成員在購買上的具體分工，掌握各個家庭成員的心理，對銷售工作是非常有益的。

　　有位名叫阿爾傑的電毯推銷員為了一筆很大的生意，好幾次拜訪客戶，有時都談到深夜。一天夜裡，當他從客戶家的客廳出來走到走廊上時，忽然聽到一個老太婆用冷淡的語氣說：「說實在的，我不同意購買。前天他來時，看到我連聲招呼都不打，根本沒有把我放在眼裡，為什麼我非得掏腰包呢？我活了這麼大把年紀，從沒用過電毯，也過得很好。這東西那麼貴，我可不想買！」

　　阿爾傑聽了大吃一驚，繼而恍然大悟，原來這個他前天來時並未正眼瞧的老太太，才是真正的購買決策者。他做夢也沒想到這個老太太就是銷售不成功的問題所在。

　　阿爾傑感到非常後悔，覺得自己不僅白費了一番苦心，還得罪了真正的買主。為了挽回這場交易，他決定送一個電毯給老太太，因為他從客戶的談話中得知，還有 20 天就是老太太的古稀壽誕，便在電毯上繡上了「恭賀古稀壽辰」幾個字，贈與了這位老太太。

　　不用說，阿爾傑的做法會讓老太太驚喜一場。對阿爾傑來說，他掏錢買人情，一是表達敬老之意，更重要的是他對自己的懲罰，告誡自己今後再不能這麼「有眼不識泰山」了。

　　不同的家庭成員在購買活動中充當著不同的角色，當然，這樣的劃分

　　主要是理論上的，在實際操作中，一個人可能會同時扮演兩三個角色，比如提議者又是具體的使用者，並且能夠親自參與購買活動。這是一個複雜的過程，不同的家庭角色在思想觀念、考慮方式、消費習慣等方面，彼此之間存在著很多的差異，彼此相互作用和影響，對消費心理產生了極為重要的影響。

　　例如：一個家庭要買一臺電腦，首先提出建議的是孩子，目的可能是方便自己的學習，當然也可能是受好奇心或者從眾心理的影響，那麼同學、朋友就是他的購買欲望的影響者。而父母為孩子著想，準備給孩子買，又怕他只玩遊戲不學習，影響成績，處於猶豫之中。但是這時，孩子的哭鬧或者家中的長輩護孫心切，給孩子的爸媽施壓，父母就會屈從而決定購買。在選擇品牌時，可能又會考慮價格、性能等方面因素而進行磋商和挑選。決策確立以後，具體實施購買的可能是由父母連同孩子一起承擔。購買時，銷售人員的推薦和說服也會影響最終的購買。購買之後，使用者可能主要是孩子，也可能會是全家人。

　　總之，從產生動機到確立購買決策，再到最後的實際購買，家庭成員之間是相互制約、相互影響的，在消費心理上，也會受到一定的限制。

　　在很多家庭中，丈夫和妻子應該是商品購買的主要決策者，當然，同一家庭的夫妻之間，在購買方面也有著很大的差異。不同的家庭，夫妻在決策中的角色和地位是各不相同的，有的是丈夫決斷，有的是妻子支配，有的是共同協商決定，有的是各自自主決定。

　　這些消費心理的形成，與家庭成員的個性心理特徵、家庭的分工以及所要購買的商品的種類、對商品資訊掌握的多少等因素密切相關。因為每個家庭成員的個性心理特徵各不相同，有的人有主見，沉著冷靜，善於當機立斷，常常負責決策。有的人獨立性差，缺乏主見，購買方面喜歡依賴

於別人。在購買不同的商品時，如汽車、房子等支出較大的消費，需要家庭成員一起商討，如果購買家電等大件器件，多是丈夫具有發言權，而如果購買服飾、寢具用品則應該多聽妻子的。

　　總之，家庭內部成員的角色不同，消費心理也不同。銷售人員只有了解了家庭消費心理，再結合其他具體的影響因素，這樣就能夠更容易取得成功一些。

給你的客戶寄感謝函或致謝卡

　　商業排斥人情味，但又需要人情味。看似簡單的一張感謝函或致謝卡卻可以幫助銷售員與客戶進行情感溝通，爭取更多的潛在客戶。

　　與其他方式相比，透過給客戶寄感謝函或致謝卡來做客戶的日常維護，所花費的成本是最低的，但是效果卻是最好的。

　　銷售大師喬‧吉拉德在做客戶日常維護工作時的首要事情，就是將客戶及其與買車有關的一切資訊，全部記在卡片上，同時，他對買過車的人，會定期寄出一張感謝卡。買主對喬‧吉拉德郵寄的感謝卡感到十分驚奇，以至於對他的印象特別深刻。

　　銷售大師湯姆‧霍普金斯也非常善於運用這種方法來拓展自己的客戶資源，維護客戶關係。

　　湯姆‧霍普金斯是全美第一名的銷售訓練大師，金氏世界紀錄房地產銷售紀錄的保持者，他事業的成功源於不斷地開發新客戶以及有效地保留老客戶。他說：「你所見到的每一個人都有可能成為你的客戶，並為你帶來財富，關鍵是你要如何爭取到他。」

　　湯姆‧霍普金斯身上常帶著卡片，這是他多年的習慣，他平均每天要寄 5 到 10 封感謝函給他認識的潛在客戶，給那些沒有參加他們研討會的

人，給那些沒有投資他們錄音帶有聲訓練課程的老闆。

一天寄 10 封感謝函，一年就要寄 3,650 封，十年就是 36,500 封。

他說：「我每寄出 100 封的感謝函就能做成 10 筆生意。也就是說，每100 名潛在客戶在感激的情況下有 10 位會成為你的忠誠客戶。可以想像一下，這項技巧在未來的 12 個月裡最少可以為你帶來多少收入。我想它會讓你成為贏家的。而這件事做起來又很簡單，你只需花 3 分鐘的時間，在每封感謝函上貼一張郵票就可以了。利用那些閒聊或是等人的寶貴時間，從現在就開始做。因為結果不會馬上就發生，所以和你一生中會使用的所有成功方法一樣，需要長期不斷地堅持才能成功。一天寄出 10 封感謝函，一個月就是 300 封，在今後的日子裡，足夠你忙的了。」

身為一名銷售員，應該像湯姆‧霍普金斯那樣，不僅要維護好現在購買我們產品或服務的人，而且還要寄封感謝函給那些沒有在我們這裡購買產品的潛在客戶，跟他們保持聯絡。我們要感謝他抽出時間與我們見面，感謝他能接聽我們的電話，感謝他耐心聽完我們的產品介紹，感謝他讓我們知道了不購買產品的原因，從而讓我們發現了與別人的差距在哪裡，從而不斷地進行改進。透過一段時間關係的培養，我們就能在銷售技能、產品服務上重新獲得這些潛在客戶的肯定，並贏得客戶寶貴的友誼與信任。

老客戶會不斷地帶給我們新生意，銷售員要維護好與老客戶的關係，使他們心甘情願地為我們做義務宣傳員，實現轉介紹。

在理想的狀態下，如果準客戶們對我們的產品和服務印象非常好，我們就可以毫不費力地坐在辦公室裡等待客戶上門，當然這僅僅是理想狀態而已，很多情況下需要我們自己尋找客戶。其實，如果我們能在老客戶的維護上下工夫，讓老客戶為我們引薦新客戶，這樣尋找客戶就不會是太困難的事情了。並且這樣做能夠產生很好的效果，這是因為，老客戶的引薦

無形中為我們的信譽做了擔保，促使新客戶更容易接受我們。

對於這一點，銷售大師喬‧吉拉德是我們的榜樣。喬‧吉拉德十分重視維護與老客戶之間的關係。他希望客戶們在成交之後不要忘了他，所以他制訂了一項寫信計畫。曾有人開玩笑說：「當你從喬‧吉拉德手中買下一輛汽車後，你必須要出國才有可能『擺脫』他。」

喬‧吉拉德每個月都要給他的所有客戶寄出一封信，這些信都裝在普通信封裡，信封的顏色和大小經常變化。他還留心不讓這些信看起來像郵寄廣告宣傳品，以避免還未拆開就被客戶扔進垃圾袋裡。

喬‧吉拉德還會隨信附上一張卡片，卡片一律寫上「我愛你」。但是在卡片的裡面，每月都換新的內容。他從來不在每月的 1 號和 15 號發出這些信，因為這兩天正是大多數人需要繳納各種日常費用的日子，而他希望他的客戶收到信時能夠擁有一份好心情。

喬‧吉拉德每年都以非常愉快的方式，讓他的名字在客戶家中出現 12 次。在喬推銷生涯的後期，他每月要寄出 1.4 萬張卡片，也就是說每年要寄出 16.8 萬張。

喬‧吉拉德透過這項寫信計畫，與他的每一位老客戶都建立起了良好的關係，他每年所有交易的 65% 都來自於這些老客戶的轉介紹，這足以證明做好客戶日常維護的價值。所以，銷售員與其獨自艱難地開發新客戶，不如為老客戶做好服務，獲得他們的信任，從而讓老客戶幫我們源源不斷地介紹新客戶。

第 6 章
投其所好，把話說到顧客的心坎裡

　　口才對於一個銷售員來說是非常重要的。一個銷售員要想獲得顧客的好感，就必須練好自己的嘴上功夫，就必須說好攀談的第一句話，就必須找到客戶感興趣的話題，就必須拿捏好和陌生人說話的分寸。

與顧客攀談的第一句話

　　好的開始等於成功的一半，與客戶攀談的第一句話決定著我們是否能夠得到客戶的喜歡與信任，所以一定要把話說好。

　　專家們在研究銷售心理時發現，洽談中的客戶對剛開始的 30 秒鐘所獲得的資訊，一般比以後十分鐘裡所獲得的印象要深刻得多。可以說，攀談的好壞，幾乎可以決定銷售的成敗。所以，銷售員與準客戶交談需要運用有效的搭訕方法，成功引起客戶與我們談話的興趣。

　　下面就介紹幾種搭訕的方法，讓大家在銷售一開始就獲得優勢。

1　利益攀談法

　　幾乎所有的人都對錢非常感興趣，省錢和賺錢的方法很容易引起客戶的興趣，所以銷售員可以一開始就將自己能帶給客戶的利益說出來，如：「林經理，我是來告訴您能讓貴公司節省一半電費的方法。」「李廠長，我們的機器比你們目前的機器速度快、耗電少、更精確，能降低生產成本。」「劉廠長，您想每年在毛巾生產上節約 5 萬元嗎？」

2　讚美攀談法

　　每個人都喜歡聽讚美的話，客戶也不例外，因此，讚美就成為與客戶攀談的好方法。比如我們可以這樣說：「李總，您這房子的大廳設計得真別緻。」「何經理，我聽華美服裝廠的郭總說，跟您做生意最痛快不過

了。他誇讚您是一位熱心爽快的人。」「恭喜您啊，李總，我剛在報紙上看到您的消息，祝賀您當選十大傑出企業家。」

3 好奇心攀談法

現代心理學表明，好奇是人類行為的基本動機之一，所以銷售員可以利用人人皆有的好奇心來引起客戶的注意。一位銷售員對客戶說：「老陳，你知道世界上最懶的東西是什麼嗎？」客戶感到很好奇，這位銷售員繼續說，「就是你藏起來不用的錢，你本來可以用它們來購買我們的空調，讓您度過一個涼爽的夏天。」某地毯銷售員對客戶說：「每天只花一毛六分錢就可以使您的臥室鋪上地毯。」客戶對此感到驚奇，銷售員接著講道：「您臥室 12 平方公尺，我廠地毯價格每平方公尺為 24.8 元，這樣需297.6 元。我廠地毯可鋪用 5 年，每年 365 天，這樣平均每天的花費只有一角六分錢。」銷售員先製造神祕氣氛，引起對方的好奇，然後，在解答疑問時，再很有技巧地把產品介紹給客戶。

4 轉介紹攀談法

這是一種迂迴戰術，告訴客戶，是第三者（客戶的親友）要我們來找他的。每個人都有「不看僧面看佛面」的心理，所以，大多數人對親友介紹來的銷售員都很客氣。如：「趙先生，您的好友肖先生要我來找您，他認為您可能對我們的印刷機感興趣，因為，這些產品為他的公司帶來很多好處與方便。」另外，我們在使用這種方法時要注意，一定要確有其人其事，絕不可自己杜撰，要不然，客戶一旦查對起來，就要露出馬腳了。為了取信客戶，若能出示引薦人的名片或介紹信，效果更佳。

5　提供案例攀談法

人們的購買行為常常受到其他人的影響，銷售員若能掌握客戶這種心理，好好地利用，一定會獲得很好的效果。比如我們可以這樣對客戶說：「林廠長，×× 公司的李總採納了我們的建議後，公司的營業狀況大有起色。」以著名的公司或客戶為例，可以壯自己的聲勢，特別是如果我們舉的例子，正好是客戶所景仰或性質相同的企業時，效果就更顯著。

6　提問攀談法

銷售員直接向客戶提出問題，利用所提的問題來引起客戶的注意和興趣。如：「李廠長，您認為影響貴廠產品品質的主要因素是什麼？」產品品質自然是廠長最關心的問題之一，銷售員這麼一問，無疑將引導對方逐步進入面談。在運用這一技巧時應注意，銷售員所提的問題，應是對方最關心的問題，提問必須明確具體，不可言語不清楚、模稜兩可，否則，很難引起客戶的注意。

7　提供資訊攀談法

銷售員向客戶提供一些對客戶有幫助的資訊，如市場行情、新技術、新產品知識等，會引起客戶的注意。這就要求銷售員能夠站到客戶的立場上，為客戶著想，盡量閱讀報刊，掌握市場動態，充實自己的知識，把自己訓練成為所從事行業的專家。客戶或許對銷售員應付了事，可是對專家則是非常尊重的。如我們對客戶說：「我在某某刊物上看到一項新的技術發明，覺得對貴廠很有用。」銷售員為客戶提供了資訊，關心了客戶的利益，也獲得了客戶的尊敬與好感。

8 **請教攀談法**

銷售員也可以利用向客戶請教問題的方法來引起客戶注意。有些人好為人師，總喜歡指導、教育別人，或顯示自己。銷售員可以有意找一些不懂的問題，或懂裝不懂地向客戶請教。一般客戶是不會拒絕虛心討教的銷售員的。我們可以這樣說：「許總，在電腦方面您可是專家。這是我們公司研發的新型電腦，請您指導，在設計方面還存在什麼問題？」受到這番抬舉，對方就會接過電腦資料信手翻翻，一旦被電腦先進的技術性能所吸引，銷售成功的機會就很大。

找到客戶感興趣的話題

只有那些能引起客戶興趣的話題才可能使整個銷售溝通充滿生機。客戶一般情況下是不可能立馬就對你的產品或企業產生興趣的，這需要銷售人員在最短時間之內找到客戶感興趣的話題，然後再伺機引出自己的銷售目的。比如：銷售人員可以首先從客戶的工作、孩子和家庭以及重大新聞時事等談起，以此活躍溝通氣氛、增加客戶對你的好感。

有一天，有一位卡內基訓練的業務經理接到一個電話，對方是一家上市公司的董事長祕書。

原來，這位企業規模龐大的董事長在廣播中聽到有關卡內基訓練的內容，他很感興趣，希望我們這位業務經理過去為他做介紹。

祕書對經理說：「我們董事長日理萬機，非常忙，所以你一定要在 20 分鐘以內談完，可以嗎？」

這位業務經理一口答應，並比約定的時間更早到達對方的工廠。他在進行介紹前，先去上了廁所，結果發現這家工廠的廁所有五星級飯店的水

準，地上鋪的是進口瓷磚，洗手臺用的是高級大理石，水龍頭的造型也是美輪美奐，而且整理得一塵不染，光可鑑人，給他留下了非常深刻的印象。

後來他進了董事長辦公室，簡單寒暄後，他首先問道：「董事長，我剛剛用過你們的洗手間，那是我見過最棒的洗手間！我想請教董事長，為什麼會把工廠的洗手間設計得這麼高級漂亮？」

董事長眼睛一亮，開始大談他的「廁所管理學」。他說：「你想想，平時我們清醒時，最私密的空間是什麼？就是廁所啊！如果你工作的地方，廁所總是乾乾淨淨，用起來很享受，員工的士氣一定很高昂。一家企業的廁所，如果設備很簡陋，衛生環境不佳，表示管理做得漫不經心，經營者也不重視員工。所以我每次去拜訪經銷商，一定會看看他的廁所，如果亂七八糟，我一定不跟他做生意。記得有一次……」

董事長滔滔不絕地舉例，說了超過 30 分鐘，祕書頻頻探頭進來，提醒董事長後面還有行程；這時董事長才回神過來，趕緊說：「我的時間不多了，你趕快介紹一下卡內基訓練。」我們的業務經理花了 5 分鐘介紹卡內基訓練的課程，如何可以增強公司的團隊凝聚力，董事長一聽就說：「這門課程不錯，也可以讓員工士氣更高昂！」於是就把這件事交代下去，請祕書安排主管上課的時間，並承諾自己也要一起上課。

在這次介紹中，談廁所談了 30 分鐘，卡內基訓練只談了 5 分鐘，結果還是成交！這是因為我們的業務經理一開始就談論客戶感興趣的話題，找到了贏得客戶好感的金鑰匙，開啟了成交之門。

日本推銷之神原一平對打消客戶的疑惑，有一套獨特的方法。

「先生，您好！」

「你是誰啊？」

「我是明治保險公司的原一平，今天我到貴地，有兩件事專程來請教您這位附近最有名的老闆。」

「附近最有名的老闆？」

「是啊！根據我打聽的結果，大家都說這個問題最好請教您。」

「哦！大家都說是我啊！真不敢當，到底什麼問題呢？」

「實不相瞞，是如何有效地規避稅收和風險的事。」

「站著不方便，請進來說話吧！」

突然地推銷，未免顯得有點唐突，而且很容易招致別人的反感，以至於被拒絕。先拐彎抹角談些顧客感興趣的話題，這絕對是他的軟肋。誰會忍得住不在自己感興趣的事情上插上幾句呢？局面就這樣打開了。

銷售人員在尋找客戶感興趣的話題時，尤其要注意一點：要想使客戶對某種話題感興趣，銷售人員最好對這種話題同樣感興趣。因為整個溝通過程必須是互動的，否則就無法實現具體的銷售目標。如果只有客戶一方對某種話題感興趣，而銷售人員卻表現得很冷淡，或者內心排斥卻故意表現出喜歡的樣子，那麼，客戶的談話熱情和積極性馬上就會被冷卻，這是很難達到良好溝通效果的。

那麼，怎樣才能尋找客戶感興趣的話題呢？比如：

1. 談論客戶的工作，比如：客戶在工作上曾經取得的成就或將來的美好前途等。

2. 談論客戶的身體，比如：提醒客戶注意自己和家人身體的保養等。

3. 詢問客戶的孩子或父母的資訊，比如：孩子今年多大了、上學的情況、父母的身體是否健康等。

4. 談論時下大眾非常關心的焦點問題，比如：房地產是否漲價、如何節約能源等。

5. 提起客戶的主要愛好，比如：客戶的體育運動、娛樂休閒方式等。

6. 和客戶一起懷舊，比如：提起客戶的故鄉或者最令其回味的往事等。

7. 談論時事新聞，比如：每天早上迅速瀏覽一遍新聞，等與客戶溝通的時候首先把剛剛了解到的重大新聞拿來與客戶談論。

對於客戶感興趣的話題，銷售人員可以透過巧妙地詢問和認真地觀察與分析進行了解，然後引入共同的話題。在與客戶進行溝通之前，銷售人員非常有必要花費一定的時間和精力對客戶的特殊喜好和品味等進行研究，平時多培養一些興趣，多累積一些各方面的知識，至少應該培養一些較符合大眾口味的興趣，比如體育運動和一些積極的娛樂方式等。這樣，等到與客戶溝通時就不至於捉襟見肘，也不至於使客戶感到與你的溝通寡淡無味了。

和陌生人說話時拿捏好分寸

一句話就可能決定一個機會，甚至決定一個人的一生。說話要拿捏分寸，否則很容易得罪他人，給自己留下遺憾。

什麼叫分寸？分寸就是指說話或做事的適當標準或限度。我們說「過猶不及」，無論說話和做事，不到位不行，過火了也不行，要的就是恰到好處。這就像我們平時炒菜放鹽，加少了沒有味道，加多了無法下嚥。

有的人在和人來往的時候不注意說話的分寸，往往會導致說的話別人不願聽，不想聽，到最後乾脆不聽。

人壽保險業務員小王聽說鄰居的一位老人正在過七十大壽，於是興沖沖地買好了禮物前去祝壽，在酒席上，小王先是大大恭維了老壽星一把，然後拿出自己的保險單子，想藉機給老人家介紹一下。

　　老人家不好駁他的面子，於是耐著性子聽下去。小王從當前的經濟形勢談到了養兒難防老，談到了老年人易患的多種致命性疾病，談著談著，小王被老人的兒子打斷了，老人的兒子客客氣氣地把小王拉到身邊，小聲地詢問保險的有關問題，小王特別高興，剛要繼續講下去，老人的兒子一把將他的資料奪了過去，小聲說：「您先走吧，再不走我可要跟你急了！」

　　所以，我們與陌生人交談時要拿捏以下分寸：

▶ **不要議論別人的短處**：與陌生人在初次交談時，提及自己和對方都很熟悉的第三者，這對縮短兩人之間的距離是一種好辦法。但是，此時千萬不要談論第三者的短處，因為這會給對方留下不好的印象，會擔心你背後也許會議論他的短處，從而對你採取戒備心理。

▶ **沒有調查就沒有發言權，不要人云亦云**：如果人家說東，你就說東，人家說西，你也跟著說西。這樣會失去別人對你的信任，同時，也展現了你自己沒有主見。

▶ **不要學「老婆賣瓜」，自賣自誇**：一句自賣自誇的話，往往是一顆醜惡的種子，一旦由你口中播入他人的心田，便會滋長出令人生厭的幼芽。所以，和陌生人初次來往時，應該保持謙遜的態度。

▶ **不要囉哩囉唆**：「一鍋豆腐磨不完，囉哩囉唆招人煩。」如果你總是拿一件事情翻來覆去地說，會使人感覺乏味。一個詞、一件事不管多麼新鮮誘人，若出現過多，就會大失光彩。

▶ **不要急於告辭**：在雙方談話進行得興高采烈、生動活潑的時候，你提出告辭是非常適宜的。而且應選擇自己講完話時，這樣做，既可以省時，又可使對方的留戀之情油然而生，萌生起一種企求能再次見面的欲望。

幽默是最好的促銷方式

幽默可以說是銷售成功的金鑰匙，它具有很強的感染力和吸引力，能迅速打開客戶的心靈之門，讓客戶在會心一笑後對你、對商品或服務產生好感，從而誘發購買動機，促成交易的迅速達成。

每個人無論在怎樣的環境中生活，都會經常碰到各種各樣的矛盾，有的甚至是相當棘手的難題，需要你去妥善處理。成功者的體驗是：不輕鬆的問題，可以用輕鬆的方式來解決；嚴肅之門可以用幽默的鑰匙開啟。有一位大學生思想很活躍且為人詼諧。他在當了銷售員之後，萌發出一個好主意。他有一次走進一家報社問：「你們需要一名有才幹的編輯嗎？」

「不。」

「記者呢？」

「也不需要。」

「印刷廠如有缺額也行。」

「不，我們現在什麼空缺也沒有。」

「那你們一定需要這個東西。」年輕的銷售員邊說邊從皮包裡取出一塊精美的牌子，上面寫著：「額滿，暫不雇人」，如此輕而易舉地促成推銷實在很妙。

美國俄亥俄州的著名演說家海耶斯，30 年前還是一個初出茅廬、畏首畏尾的實習銷售員。一次，一個老練的銷售員帶著他到某地推銷收銀機。這位銷售員並沒有電影明星銷售員那種堂堂相貌，他身材矮小、肥胖，紅彤彤的臉卻充滿著幽默感。

當他們走進一家小商店時，老闆粗聲粗聲地說：「我對收銀機沒有興趣。」這時，這位銷售員就倚靠在櫃檯上，格格地笑了起來。店老闆直愣愣地瞧著他，不知所以。

這位銷售員直起身子，微笑著道歉：「對不起，我忍不住要笑。你使我想起了另一家商店的老闆，他跟你一樣說沒有興趣，後來卻成了我們熟識的客戶。」銷售員一本正經地展示他的樣品，歷數其優點，每當老闆以非常緩和的語氣表示不感興趣時，他就笑哈哈地引出一段幽默的回想，又說某某老闆在表示不感興趣之後，結果還是買了一臺新的收銀機。旁邊的人都瞧著他們，海耶斯又困窘又緊張，心想他們一定會被當做傻瓜一樣趕出去。可是說也奇怪，老闆的態度居然轉變了，想搞清楚這種收銀機是否真有那麼好。不一會，他們就把一臺收銀機搬進了商店，那位銷售員以行家的口吻向老闆說明了具體用法。結果這位銷售員運用幽默的力量跨過了嚴肅之門，取得了成功。

幽默能使你豁達超脫，使你生氣勃勃；幽默能使你具有影響力，使你打破僵局，擺脫困境；幽默是潤滑劑，也是成功者的稟性。所以無論是朋友相處，還是推銷，都應富有幽默感。

幽默是潤滑人和人之間緊張關係的有效方法。透過幽默來促成銷售已經被很多銷售員所採用。銷售員在和客戶溝通時，不可避免地會在某些問題上出現意見相左的情況。雖然我們一再強調銷售員必須盡量使意見和客戶保持一致，但是如果客戶提出的要求確實無法滿足，銷售員也必須微笑地對客戶說「不」。但說「不」的方法很有講究，幽默地說「不」就是一種非常有效的方法。

某客戶的欠帳已經有 10 個月之久，一位和這個客戶很熟的銷售員前往要帳。客戶希望繼續延長償債時間，銷售員於是微笑著說：「我們照顧您比您的母親照顧您還要久。」此話一出，客戶笑了笑，便將帳全部結清了。

在運用幽默來達成交易時，要對幽默的度掌握好。上面一個例子中，

如果銷售員不是和客戶很熟的話，客戶可能會對這個幽默表示很強的反感。幽默就是開玩笑，它有以下幾點要求。

1　針對不同的客戶開不同的玩笑

對於非常熟悉的客戶，玩笑的範圍自然可以擴大；對於不熟悉的客戶，玩笑的範圍相當的侷限。熟悉的客戶往往不介意銷售員的話，相反，如果銷售員跟他客套起來，他會覺得十分局促。而不熟悉的客戶因為和銷售員非常陌生，所以他對銷售員所說的每一句話都非常介意，如果銷售員跟他毫無顧忌地亂開玩笑，他會覺得這個銷售員過於輕浮。

2　開玩笑的時候要保持微笑

如果沒有笑容，玩笑就很可能被誤認為是諷刺。在和客戶開玩笑的過程中，銷售員一定要保持微笑。微笑是銷售員正在開玩笑的有力證據。銷售員的微笑其實就是告訴客戶，他此刻說的話是為了讓客戶高興起來。有些銷售員在開玩笑的時候一本正經，本來很有趣很有意思的玩笑，也變成極有諷刺意味的話，結果破壞了銷售員和客戶之間的關係。

3　開玩笑不應該沖淡談話主題

銷售員和客戶交談的主題只有一個：達成交易。有些銷售員相當幽默，開玩笑的手法也相當高明，但是一開起玩笑來，就將客戶的思路越拉越遠，最後沖淡了談話的主題，使得交易失敗。我們將這樣的銷售員稱為「不分輕重」的銷售員。雖然這種情況是每一名銷售員都在極力避免的，但是「不分輕重」的銷售員卻經常做出這樣的傻事。

4　開玩笑的時機要掌握好

和客戶開玩笑要掌握好時機。在達成交易的全過程中，最適合開玩笑的時機就是處理異議階段。客戶的異議很難處理時，銷售員可以借助幽默將這種異議輕輕地帶過，讓客戶自覺地不再提出這樣的問題。

讓顧客多說，讓自己多聽

在銷售過程中，銷售人員要學會聆聽客戶，洞察客戶心理並越過客戶的心理防線，讓客戶多談自己的事，鼓勵客戶說出自己的故事，進而與客戶建立起有利於銷售的關係，這也是提升銷售的技巧之一。

卡內基告訴人們如何成為一個談話高手，那就是學會傾聽，鼓勵別人多談他自己的事。一次卡內基在紐約參加一次晚宴，碰到了一位優秀的植物學家。他從來就沒有跟植物學家談過話，於是凝神靜聽，聽其介紹外來植物和交配新產品的許多實驗。午夜晚宴後，那位植物學家向主人極力恭維卡內基，說他是「最能鼓舞人」的人，是個「最有趣的談話高手」。卡內基自始至終幾乎沒說幾句話，卡內基認為：「其實，我不過是一個善於聆聽，並且善於鼓勵他談話的人而已。」

幾年前，美國最大的汽車製造公司之一正在洽談訂購明年所需要的汽車坐墊布。有四個重要的廠商已經做好了坐墊布的樣品。這些樣布得到了汽車公司高級職員的檢驗，併發通告給各廠商，他們的代表可以在某一天以同等條件參與競爭，以便公司確定最終的供應商。

其中一個廠商的業務代表皮特先生在抵達時，正患有嚴重的喉炎。「當我參加高級職員會議時，」皮特先生在我班上敘述他的經歷時說，「我嗓子啞了。我幾乎發不出一點聲音。我被帶到一個房間，與紡織工程師、

採購經理、推銷經理以及該公司的總經理當面會晤。我站起來想盡力說話，但我只能發出嘶啞的聲音。」

　　他們兩個都圍坐在一張桌子旁。所以我在紙上寫道：各位，我的嗓子啞了，我不能說話。

　　「讓我替你說吧。」方總經理說。他真的在替我說話。他展示了我的樣品，並稱讚了它們的優點。於是，圍繞我的樣品的優點，他們展開了一場熱烈的討論。由於那位總經理代表我說話，因此在這場討論中，他站在我這一邊，而我在整個過程中只是微笑、點頭以及做幾個簡單的手勢。

　　「這個特殊會議的結果，是我，得到了這份合約，和對方簽訂了 50 萬碼的坐墊布，總價值為 160 萬美元 —— 這是我曾獲得的最大的一個訂單。」

　　「我知道，如果我的嗓子沒有啞，說不定我就會失去那份合約，因為我對於整個情況的看法是錯誤的。透過這次洽談，我很偶然地發現，讓客戶多說話是多麼有益！」

　　推銷並不是要求每時每刻都要求推銷員口若懸河，因為，對於很多人來講，言多必有失。多去傾聽客戶的訴求，會讓他們產生一種被尊重感，這種效果對於推銷的成功至關重要。

　　會說話的人都是會聽話的人。自己不想嘰哩呱啦地說個不停而是洗耳恭聽，這樣的人是最會說話的人。

　　在日常會話當中，要做到會聽是相當困難的，不要說會聽，有的人甚至連互相交談的最基本原則都做不到。對方一開口，立刻打斷對方，自己卻長篇大論地講個不停，等到對方感到不快而索性不說了，他反而認為對方被自己說服了，因而得意洋洋，這樣的人還真不少。通常自己的毛病是不太容易發現的。

　　日常會話是提升講話藝術水準的舞臺。銷售人員應留心別人對話中的一些壞毛病，使之成為警惕自己的好材料。

　　在和對方的談話過程中會聽是很重要的一環，這是博得對方好感的一個祕訣。

用讚美來打開客戶的心門

　　人都希望獲得認同、被讚美。人之所以與動物有所區別，也正是因為有這種欲望。喜歡聽好話、受讚美是人的天性之一，每個人都會對來自社會或他人的恰當的讚美感到自尊心和榮譽感得到滿足。無論是誰，在內心深處無時無刻不在期待別人的褒獎和讚美。雖然有人將讚美視為拍馬屁，但無論如何，讚美的話聽起來總是令人歡喜。每個人都喜歡聽好話，客戶也不例外。因此，讚美就成為接近顧客的好方法。

　　無論是誰，對待讚美之詞都不會不開心。可以說，喜歡被人讚美和恭維，是人類的共同心理。而當聽到別人對自己的讚賞並感到愉悅和鼓舞時，就會對說話者產生一種親切的感覺，從而使彼此之間的心理距離縮短、靠近，人與人之間的融洽關係也就是從這裡開始的。

　　人人都有虛榮心，沒有人不喜歡奉承。有人說，這個世界上最美妙動聽的語言就是奉承話，很多客戶都是被這些奉承話打動了心扉。在這個世界上，沒有誰願意受人批評。銷售人員每天都要與不同的客戶打交道，所以，要適時地講一些讚美性的話語，這樣才能令客戶高興，從而實現成功的銷售。但是，恭維的話不能說得太多，否則會給人一種油腔滑調、虛偽造作的感覺。因為，銷售人員不是光靠耍嘴皮子，而是要說出發自內心的讚美性話語，這樣才能贏得人心，令人信服。

　　1921 年，美國鋼鐵大王卡內基，在以 100 萬美元的超高年薪聘請夏

布出任 CEO。許多記者問卡內基為什麼是他？卡內基說：「他最會讚美別人，這是他最值錢的本事，他懂得如何讓客戶開心。」

在美國，有一家商店裡有三隻鸚鵡，這三隻鸚鵡的外形沒有什麼不同，然而價格卻大相徑庭，第一隻鸚鵡賣 1,000 美元，第二隻鸚鵡賣 2,000 美元，而第三隻鸚鵡卻賣到了 3,000 美元。一位客戶好奇地問：「為什麼這三隻鸚鵡的價格差這麼遠？」老闆回答道：「這是完全公平的，他們的價格是根據所得的小費定的，因為第一隻鸚鵡在客人進來的時候，會說歡迎光臨，在客人走的時候，會說謝謝光臨，因此，牠值 1,000 美元；第二隻鸚鵡不僅會說歡迎光臨，謝謝光臨，還可以解說產品，給客戶推薦產品，所以這隻鸚鵡能夠創造利潤，當然值 2,000 美元；至於第三隻鸚鵡，牠的身價是第一隻的三倍，但牠會講的就是幾句誇人的話，來了男客戶，牠就會說：『你今天真帥！』來了女客戶牠就會說：『你今天真漂亮！』客人聽了沒有不高興的，幾乎都給小費，所以賣得也就貴。」

比恩‧艾倫（Alan Bean）是美國的一位圖書推銷高手，他曾經說：「我能讓任何人買我的圖書。」他推銷圖書的祕訣只有一條，就是非常善於讚美顧客。

有一天，他出去推銷書籍，遇到了一位非常有氣質的女士。那時候，比恩‧艾倫剛剛開始運用「讚美」這個法寶。當那位女士聽到艾倫是推銷員時，很冷淡地說：「我知道你們這些推銷員很會奉承人，專挑好聽的說，不過，我是不會聽你的鬼話的，你還是省點時間吧。」

比恩‧艾倫微笑著說：「是的，您說得很對，推銷員是專挑那些好聽的詞來講，說得別人昏頭昏腦的，像您這樣的顧客我還是很少遇到，我感覺您特別有自己的主見。」

這時，細心的艾倫發現，女士的臉已由陰轉晴了。她問了艾倫很多問

題，艾倫都一一作了回答。最後，艾倫又開始讚美道：「您的形象給了您很高貴的氣質，您的語言反映了您有著敏銳的頭腦，而您的冷靜又襯出了您的個性。」

女士聽後，開心地笑出聲來，很爽快地買了一套書籍。而且後來，她又在艾倫那裡購買了上百套的圖書。

隨著推銷圖書經驗的日漸豐富，比恩·艾倫總結了一條人性定律：沒有人不愛被讚美，只有不會讚美別人的人。

一天，比恩·艾倫到某家公司推銷圖書，辦公室裡的員工選了很多書，正要準備付錢，忽然進來了一個人，大聲說道：「這些跟垃圾似的書到處都有，要它做什麼？」

艾倫正準備向他露一個笑臉，他接著就甩過來一句話：「你別到我這裡推銷，我肯定不會要，我保證不會要。」

「您說得很對，您怎麼會要這些書呢？明眼人一下子都能看出來，您讀過很多書，很有文化素養，很有氣質，要是您有弟弟或者妹妹，他們一定會以您為榮耀，一定會很尊重您的。」艾倫微笑著，慢條斯理地說。

「你怎麼知道我有弟弟妹妹的？」那位先生有點興趣了。

艾倫回答：「當我看到您時，您給我的感覺就有一種大哥的風範，我想，誰要是有您這樣的哥哥，誰就真的是很幸運的人！」

接下來，艾倫和那個人進行了氣氛友好的談話，兩人聊了十多分鐘。最後，那位先生以支援艾倫這位兄弟工作為由，為他自己的弟弟選購了五套書。

值得注意的是，客戶雖然喜歡銷售人員的讚美和恭維，但是卻並不喜歡他們露骨的拍馬屁，當你誇獎的事情連客戶自己都認為不實際時，就會遭到客戶的反感，認為你這個人圓滑、虛偽，而不願意購買你的東西。

　　所以，在運用讚美的技巧時，銷售員必須掌握好說話的時機和讚美的度。否則，客戶會認為你根本不是誠心的，只是說說奉承話而已，這樣反而增添了客戶對你的不信任感，拉開了你和客戶之間的距離。那麼，如何掌握這恰如其分的一點而不是讚美過頭呢？

- ▶ **拿一些具體明確的事情來讚揚**：如果在讚揚客戶時，銷售員能夠有意識地說出一些具體而明確的事情，而不是空泛、含混地讚美，那往往可以獲得客戶的認可並坦然接受。因此，會讚美的推銷往往會注意細節的描述，而避免空發議論。

- ▶ **找出客戶異於他人的地方來讚揚**：鋼鐵大王卡內基在《人性的弱點》（*How To Win Friends and Influence People*）一書裡便講述過這樣一件事：卡內基去郵局寄信。在他等待的時候，他發現這家郵局的辦事員態度很不耐煩，服務品質非常差勁，因此他便準備用讚揚的方法使這位辦事員改變服務態度。當輪到辦事員為他稱信件重量時，卡內基對他稱讚道：「真希望我也有你這樣的頭髮。」聽了卡內基的讚揚，辦事員臉上露出了微笑，接著便熱情周到地為卡內基服務。自那以後，卡內基每次光臨這家郵局，這位辦事員都笑臉相迎。

  從上面可以看到，每個人都有一種希望別人注意他不同凡響的心理。因此，如果你在讚揚客戶時，如果能順應這種心理，去觀察發現他異於別人的不同之點，以此來讚揚，一定會取得出乎意料的效果。

- ▶ **要善於找到客戶的優點**：讚美是說給人聽的，一定要與人掛上鉤，要善於把一些優點跟客戶連繫到一起。如你看到客戶有一輛名牌汽車，如果你輕輕地摸著車子連聲說：「好車！好車！真漂亮！」這仍然達不到讚美客戶的作用，因為車子再漂亮，那也是生產廠商的功勞，和

車主有什麼關係呢？如果你這樣說：「這車保養得真好！」那效果就完全不同了。

▶ **讚美要說到客戶心裡**：如果你的讚美正合客戶的心意，會加倍成就他自信的感覺，這的確是感化人的有效方法。也就是說，如果話能說到客戶心裡，說出他的心聲，作用更大。

第 7 章
用好人脈，才能賺來滾滾財源

人脈決定財脈。一個聰明的銷售員都應該懂得為自己建立一個廣闊的人脈網，並且對你的客戶進行一點感情投資，經常和客戶保持密切的聯絡，能夠時時刻刻給客戶留點面子。當你真正地為自己累積起人脈，並且充分地將其利用時，你一定能夠為自己賺來滾滾財富。

對客戶進行一點感情投資

隨著競爭的加劇，產品、服務越來越相差無幾，此時，真正能吸引客戶的就是利益 —— 關係、情感、感受和信任。所以，要想成交，就要與客戶溝通感情，增加彼此的信任度。不僅要捨得在客戶身上花錢，還要捨得花時間投資情感。

小林是一家鋼貿公司的行銷員，十多年來，他運用自己獨特的「感情投資經營學」，贏得了一大批回頭客，被稱為「最有人情味」的銷售員。

小林身邊總帶著一個小本子，他每天盡可能地了解來他這裡採購鋼材的客戶的個人資訊、連繫方式和所購鋼材的品種及數量等相關資訊，並一一記錄在小本子上。每到一些新老客戶過生日的當天，小林都會送上蛋糕和鮮花，表示祝賀。

有一天，一位叫小李的客戶來到小林的經銷點，詢問螺紋鋼、線材的價格。小林對小李介紹說，今天的報價與昨天一樣，不漲也不跌，現在的價格都「倒掛」，貿易商虧本經營，不可能再跌了。小李聽了小林的話，感到有些道理，就在這裡採購了 120 噸螺紋鋼。其間，小林透過與小李聊天得知，小李採購的鋼材是直接送往建築工地的，他家離工地並不是很遠，長期為建築工程提供鋼材，每月採購的各類鋼材有好幾萬噸。另外，小李已過不惑之年，端午節是他的生日……這些資訊都被小林記錄在小本子上。

6月16日端午節當天上午10時，小李突然收到快遞送來的一盒蛋糕和一束鮮花，蛋糕上有用奶油寫著「祝你生日快樂——小林」的字樣。小李看了深受感動，他想自己買鋼材這麼多年，經手的鋼材有幾十萬噸甚至數百萬噸，但從來沒有一位鋼材銷售員對自己表示生日祝賀，還送蛋糕和鮮花，心裡很是不安。想到這裡，小李連忙撥通小林的手機表示感謝。小林笑著說，蛋糕和鮮花只是代表一份心意，期望以後能成為好朋友。

後來，小李便把小林向他祝賀生日的事情當作一條新聞，在同行中廣泛傳播，大家都對一個普通的鋼材銷售員向客戶表示生日祝賀感到很新奇，因為只有鋼貿公司老闆們對客戶或者客戶的領導才有這樣的表示。消息傳開後，小李的一些同行，也都想一睹小林的風采，久而久之，小林所在的經銷點便更加生意興隆。

有人問小林：是不是公司老闆請他為客戶送生日蛋糕和鮮花的？小林說，老闆沒有這個要求，這是自己摸索出來的「感情投資經營學」。感情投資不是行賄，也不求回報，你只要真心對待客戶，客戶也會真心對待你。買賣雙方有感情了，生意也就好做了，自己也擁有了長期、穩定的銷售管道。至於買生日蛋糕和鮮花的錢，小林解釋說他們公司對銷售員銷售噸鋼抽成3元的獎勵制度，每個月超過1,000噸銷售量，多銷的鋼材，每噸可以抽成3元。小林一年可以銷售鋼材十多萬噸，他把公司的獎勵提取出一部分左右作為他的「感情投資經營」資金，為客戶送生日蛋糕和鮮花就足夠了。

小林坦言，用於「感情投資經營」的錢雖然不多，但客戶會永遠記住你。

就說那位新客戶小李，自從收到小林送上的生日蛋糕和鮮花後，就成為小林的回頭客，每月在小林那裡採購的建築鋼材就有大約5,000噸。小

李說，不僅僅是因為小林為自己送生日蛋糕和鮮花，更因為感受到了小林為人的真誠和重感情，與這樣的銷售員打交道，不是一般的買賣關係，而是在交心、交朋友！

一個優秀的銷售員，如果想獲得成功，就必須對自己的客戶進行一點感情投資，讓他們真正地體會到你的真誠與善良。

讓客戶喜歡你，你才有價值

銷售員在與客戶來往的過程中，毫無疑問，讓客戶相信你是非常重要的，但僅僅如此還不夠，你還要讓客戶喜歡你，你才會有機會再次與他成交，或者客戶才有可能給你介紹其他客戶。

卡內基先生曾在《人性的弱點》中寫了一篇〈如何使人喜歡你〉。文中列出了六張處方：學會真誠地關心他人；不要忘記微笑；千萬別忘記他人的姓名；學會傾聽他人的講話；迎合他人的興趣和讓他人感到自己重要。其實，要想贏得客戶喜歡也是如此。

1 尊重客戶，對客戶負責

銷售員尊重和認同客戶並不是阿諛獻媚，而是一種發自內心的體貼和關懷，是一種內涵和教養。每個人都渴望被尊重，只有你尊重客戶，對方才會用同樣的態度對待你。身為一名銷售員，只有對客戶負責，關心、體諒他，讓客戶看出你是一個值得來往的朋友，客戶才能把你當成自己的朋友，促使彼此之間的關係更加親密，這樣才能有把握抓住機會。

靜萍是一家保險公司的銷售員，每當她的客戶發生意外時，她都會在第一時間拜訪他。

一天，她的一名客戶所居住的大樓發生火災。這位客戶在靜萍手中買過一份人壽保險，靜萍擔心客戶的財產會因火災受到很大的損失，她知道客戶沒有買財產保險，這次火災一定讓這位客戶壓力重重。

靜萍趕緊拜訪這位客戶，一見面她就問道：「你們每個人都沒事吧？」

接著她又問了第二個問題：「您有什麼重大損失嗎？」

第三句話是：「都怪我不好，當時沒有堅持請您購買財產保險，以致今天我不能幫您減少損失，為您分擔經濟壓力，今天我只能為您分擔精神壓力。」

第四句話是：「面對您的遭遇和處境，我非常焦急，也非常心痛，我會盡我所能為您提供幫助。」

靜萍在客戶最需要幫助、安慰的時候及時出現在自己的身邊，這讓客戶備感溫暖。在接下來的一段時間內，靜萍經常去客戶家裡陪她聊天，安慰她，並量身為其訂做了一份財產保險。最後，在不到半年時間內，這位客戶購買了這份財產保險。

一位優秀的銷售員，一般都會從客戶的角度出發考慮問題，對客戶負責，讓客戶放心購買產品，也只有這樣，客戶才可能不斷與你合作。對客戶負責要注意以下細節：

▶ 誠實對待客戶，不能欺騙客戶。

▶ 幫助客戶選擇最適合他的產品，而不是最貴的，也不是你抽成最高的產品。

▶ 與客戶合作要有雙贏的理念，即客戶賺到錢，你才能賺到錢。

▶ 盡你最大的限度幫助客戶實現其所想。

2　微笑的力量是無窮的

微笑是最有感染力的交際語言，它能快速縮短你與客戶之間的距離，表達出你的善意、愉悅，給客戶春風般的溫暖。旅館鉅子康拉德・希爾頓（Conrad Hilton）在一文不名的時候，他的母親就告訴他，要想取得事業的成功，必須去尋找一種簡單易行、不花本錢而行之長久的辦法去吸引客戶。希爾頓在慢慢地摸索中終於找到了這樣東西，那就是微笑！依靠「今天你微笑了嗎？」的座右銘，他成為了世界上最成功、最富有的人之一。可見，微笑的力量是無窮的。

雖然微笑是人際溝通過程中的潤滑劑，但並非每時每刻都要微笑。微笑要恰到好處，要看場合和對象，而且要笑得自然、真誠。如果不是發自內心的，很容易讓人看起來是「皮笑肉不笑」，這樣不僅無法引起對方的共鳴，讓對方覺得溫暖，還會招致他人不快。

3　有熱情，但不要過度

客戶不喜歡冷冰冰的銷售員，在銷售過程中，銷售員待人接物保持較大熱情，這會使客戶感到親切、自然，從而縮短彼此間的感情距離，使客戶願意和你一起創造出良好的交流思想、情感的環境。

不過，銷售員需要注意一點，對待客戶不要過度熱情。有些銷售員與客戶剛一見面就稱兄道弟，即便遭到客戶拒絕，依然遲遲不肯離開。這種過度的熱情會讓客戶對銷售員產生不信任，甚至反感，客戶不願意與這種銷售員繼續來往，成交更是一件不可能的事。

4 讓你的語言更加幽默

在現實生活中，富於幽默感的人一定充滿活力，他會興趣愛好廣泛、精力充沛、胸懷開闊。身為一個銷售員，如果能讓自己的語言更加幽默，你會收穫意想不到的好運。

羅斯是一位推銷大英百科全書的銷售員，僅僅從業半年，她就獲得了相當不錯的成績，當別人問起她是如何提升銷售成績的？她說：「其實很簡單，我總是在夫婦倆都在家的時候去拜訪，然後向丈夫說明來意，列舉這本書的實用價值和博大精深的內容，但是我故意壓低聲音，那位坐在旁邊的太太就會一字不漏地注意傾聽。這樣，當丈夫詢問妻子是否同意時，就很容易取得一致意見。」

這就是一種幽默方法的運用。幽默可以拉近你與客戶間的距離，但它並不是隨時隨地都能應用。當客戶正遇到悲傷的事情，或正憤怒不已，這時就不適合使用幽默的語言。因此，幽默雖是一劑良藥，但不能包治百病，銷售員要因人因時因地制宜。

5 由衷地讚美客戶

讚美是人類溝通的潤滑劑，也是有效運用「移魂大法」的必要技能。對於銷售員來說，如果能夠運用好這種技能，往往能夠取得意想不到的效果。據專家研究，一個人如果長時間被他人讚美，其心情會變得愉悅，智商會有所下降，對於銷售員來說，對客戶發出由衷地讚美可以說是獲得銷售成功的不錯方法。但需要注意的是，要找到客戶身上真正與眾不同的優點來讚美，千萬不要空穴來風，說不著邊際的馬屁話，否則不能達到拉近距離的作用，反而會讓客戶覺得你謊話連篇，不可理喻。

經常與客戶保持聯絡

要想保住老客戶，除了銷售方的產品或服務品質扎實以及良好的售後服務外，銷售員應該定期與客戶保持連繫。成功的銷售員是不會賣完東西就將客戶忘掉的。交易後與客戶持續保持聯絡，可以顯示你對客戶的關心，從而使客戶牢牢記住你與公司的名字。成功的銷售員花大力氣做的一切，都是為了鞏固與客戶的長期關係。因為，在市場景氣時，這樣一種關係能將生意推向高潮；在市場蕭條時，它又能維持住生存。美國著名銷售大王喬‧吉拉德每月要定期去拜訪客戶，以保持與客戶的連繫。

現在發達的通信方式讓人與人之間的連繫變得越來越方便。銷售人員與客戶保持長期連繫的方法有很多，經常使用的有下面幾種：

▶ **電話**：電話連繫是保險銷售人員與客戶連繫的最常用方法。

銷售人員打電話的目標需明確，比如了解客戶是否收到資料，盡可能地透過提問的方式從客戶處獲取更多的資訊。客戶跟進電話應在開始對話時簡述上次電話的要點和與本次電話的連繫，讓客戶回憶起上次談話的要點，如雙方都做過的承諾等；同時，陳述本次打電話的目的。銷售人員打客戶跟進電話時，最好能有些新的、有價值的東西給客戶，讓客戶感到每次通電話後都有所收穫。

▶ **電子郵件**：透過群發電子郵件可以與所有的客戶保持一種非常密切的連繫，像節日問候和新保險產品的介紹等都可以透過電子郵件完成。很多公司都會製作公司簡訊，每隔一段時間向自己的客戶發送一封電子郵件，這樣做的好處是不讓那些暫時沒有需求的客戶忘記自己。

▶ **客戶聯誼**：很多保險公司都成立了大客戶俱樂部，定期舉辦各種主題的客戶聯誼活動，以進一步增強客戶關係。這種方式特別適合那些以

關係為導向的保險銷售人員，同時也適合業務地域非常明顯的行業，例如電信行業和金融行業等。

▶ **手機簡訊**：隨著手機的普及，發簡訊也成為一種非常好的與客戶保持長期接觸的方法。簡訊最常用於節日問候和生日祝福等領域。銷售人員在發簡訊時，要慎重使用產品和服務介紹。當銷售人員準備透過簡訊的方式向客戶介紹產品或服務時，最好預先告知客戶。

▶ **網路聊天**：LINE 等網路溝通工具已經成為了很普遍的交流工具，這種交流工具為保險銷售人員與客戶的溝通提供了便利性，而且，也更容易讓銷售人員與客戶透過聊天成為朋友。

▶ **信件 / 明信片**：許多銷售人員用電子郵件的方式代替明信片和手寫信件，因為這種方式成本更低、效率更高。但是，傳統的手寫信件、明信片在銷售中仍然有著不可估量的作用，因為現代人收到信件、明信片的數量大幅下降，此時，銷售人員採用信件、明信片的方式可以給客戶與眾不同的感覺。

▶ **郵寄禮品**：在條件允許的情況下，在節日假日來臨時，銷售人員可以給客戶寄些實用的禮品，這是實施情感銷售的一個必要環節。小小的禮品不一定很昂貴，卻能讓客戶感受到保險銷售人員的關心。

銷售人員與客戶交朋友需時常與之保持聯絡，如果久未連繫，與客戶的關係自然會慢慢淡下去。不僅如此，因為客戶與保險銷售人員的經歷不同，接觸的人和事有差異，漸漸地會導致觀念的改變。如果雙方長期不進行溝通、交換新資訊，雙方觀念的差距可能會變得越來越大。

所以，銷售人員必須經常透過不同的方式與顧客溝通，互相交換資訊，傾聽他們的抱怨和要求，這樣才能維持雙方持久的關係。

建立一個客戶關係網

　　其實想要多留住客戶，只要多找自己的問題，不要老是找客戶的問題，客戶高興了，自然就會常常合作。建立自己的客戶網路，首先你要給自己的產品一個定位，它的消費群體是哪些。其次就是你產品的品質和價格問題，好的產品，實惠的價格，會為你贏得客戶。最後就是後期維護了，售後服務一定要做好，對你的客戶追蹤，了解你的產品對你的客戶作用怎麼樣，有沒有副作用等等。

　　顧客是商家生存的命脈，你擁有客戶越多代表你「生存」機率越大，市場占有「份額」越多，而想要累積起屬於自己的客戶群體，當然也靠的是賣家貨品和服務品質的俱佳，再加上必不可少的時間累積。這麼多好不容易才累積起來的顧客無疑就是一個含金量很高的聚寶盆，怎麼去開發、累積，用什麼去吸引、保留，應該是我們賣家要去經常思考的問題。

　　某鋼材公司銷售部門經理劉琳琳，聽說一家公司要進一批鋼材，正在連繫貨主。於是劉琳琳和該公司連繫，但是他發現已有數家鋼材公司同時和這家公司連繫，競爭十分激烈。

　　劉琳琳透過調查該公司人員資料發現，該公司的一個部門經理竟是自己高中時的同學林大楓，雖然劉琳琳與其十多年沒見面了，但是劉琳琳還是決定約見林大楓。

　　在週六的晚上，劉琳琳和林大楓二人在餐館相聚。兩人見面後，自然是感慨萬千，各自唏噓不已。兩人一陣寒暄後，劉琳琳就談起了高中時的往事：「林大楓，不知你還記不記得，高中一年級時我們的那次旅遊。那時正是天真爛漫的時候，記得爬山時的情景嗎？我們班的小菲怎麼也爬不動了，還請你拉她一把，你臉紅得不得了，還不好意思拉人家！」

　　林大楓不好意思地笑了起來：「我那時哪有那麼大的膽子，不比你，

用一條橡皮假蛇嚇得女生們都不敢往前走了，還是我揭穿了你的詭計，把你的假蛇扔到了山下，你還吵著讓我賠！」說著兩個人都笑了起來。

兩個人又談起了高中時的許多往事，不禁越談越起勁，越談越動情，兩個人都不禁落了淚。

時間已經不早了，兩個人又聊到了當前的工作，劉琳琳順勢說：「我們公司最近有一批好鋼材，質優價廉，聽說你們公司正需要，怎麼樣，我們也合作一次吧？」

當時的林大楓還正沉浸在高中往事的回憶之中，一聽到老同學有所求，自己公司又需要，便二話沒說，當即就說：「這太容易了！回去我就跟銷售經理說，憑我和他的關係，保證沒問題。」果不其然，幾天後，在老同學的幫助下，劉琳琳順利地簽訂了合約。

而劉琳琳也正是利用與林大楓的這層同學關係，先勾起對方的回憶，再順水推舟，提出合作之事，林大楓也樂得做個人情，雙方既增進了友情，又做成了生意，可謂是一舉兩得。

其實在當今社會，不管是同學關係也好，還是親人關係、同事關係也罷，總之，如果做事要拜託他們中間的任何一個，只要你用心去做了，再難的事情也容易解決。

就像劉琳琳一樣，他就是借著同學關係來做這件事情，當時有那麼多的鋼材公司在他之前，競爭是相當激烈的，但是他很容易地就把這筆買賣談成了，這就是人脈的效應。

┃不要怠慢任何一個客戶

有些行銷人員只顧著和一位顧客行銷，而忽視了顧客的家人及朋友，很多時候往往是顧客身邊的人才有購買產品的真正想法。由於忽視了顧客身旁

153

的家人，這很容易引起對方的不滿，「賠了夫人又折兵」，可謂禍不單行。

　　在行銷中，行銷人員不要眼睛只盯著顧客一個人，必須注意行銷過程中在場的每一個人，必須養成重視行銷中遇見的每一個人的好習慣。這些人包括顧客的家人、朋友和親戚等。你要對這些人給予足夠的尊重，很可能他們就是顧客背後決定購買、對你洽談的對象產生影響的關鍵人物，即使那個人沒有決定權。如果你能堅持做到這一點，那麼你的業績一定會直線提升。

　　有一位醫藥公司的產品行銷人員，他的顧客中有一家小藥局。每次他到這家店裡去的時候，總是先跟櫃檯的營業員寒暄幾句，然後才去見店家。

　　有一天，這個行銷員又來到這家藥局，店家突然告訴他以後不要再來了。店家不想再買這個行銷員公司的產品，因為他們公司的許多活動，都是針對有錢人而設計的。這個行銷員只好離開商店。他開著車子在鎮上轉了很久，最後決定再回到店裡，把情況說清楚。

　　這個行銷員走進店時，照例和櫃檯上的營業員打招呼，然後到裡面去見店家。店家見到他很高興，笑著歡迎他回來，並且比平常多訂了一倍的貨。

　　行銷員十分驚訝，不明白自己離開藥局後發生了什麼事情。店家指著櫃檯上一個賣飲料的男孩說：「在你離開店以後，維生素櫃檯的年輕人過來告訴我，說你是到店裡來的行銷員中唯一會和他打招呼的人。他告訴我，如果有什麼人值得做生意的話，應該就是你。」

　　從此，這家店家成了這個行銷員最穩定的顧客。

　　提醒每一位行銷人員，不能忽略顧客身邊的每一個人，他們很可能是最重要的潛在顧客。要想不忽視，就要跟這些人多進行感情上的溝通，多關心他們。行銷人員在介紹自己的產品時，能否與有購買權的人直接對話

是成功的一個關鍵。但有時，行銷人員卻是「有眼不識泰山」。

以服務聞名於世的豪華酒店麗思卡爾頓酒店，擁有 85 個連鎖分店，平均房租高達 150 美元，但這家酒店的入住率仍高達 70%，老顧客回住率超過 90%。

麗思卡爾頓是如何做到不怠慢任何一位顧客，從而贏得這麼多客戶的呢？

麗思卡爾頓酒店為了迎合每一位顧客的習慣，首先對服務人員進行極為嚴格的挑選，標準是：「我們只要那些關心別人的人。」然後培訓職員，使他們學會悉心照料客人的藝術和要做所有自己能做的事情。

麗思卡爾頓酒店的準則是：「創造溫暖、輕鬆、優美的環境，提供最好的設施，給予客人關懷，使客人感到快樂和幸福，甚至實現客人沒有表達出來的願望和需要。」

每位職員都被看作是「最敏感的哨兵、較早的報警系統」，不管是哪一個人接到顧客的投訴，都必須負責到底，授權當場解決問題，而不需要請示上級。為了讓客人高興，每個職員都可以花 2,000 美元來平息客人的不滿。

麗思卡爾頓酒店的職員們都理解自己在酒店的成功運作中所起的作用。他們也都感到自豪：其他豪華酒店的職員流動率達 45%，麗思卡爾頓酒店卻低於 30%。正如一位職員所說：「我們或許住不起這樣的酒店，但是，我們卻能讓住得起的人還想到這裡來住。」

這就是不怠慢任何一位顧客的豐厚回報！麗思卡爾頓酒店正是用長遠的眼光，不怠慢任何一位顧客，給每一位顧客提供持續、出色的服務，以此強化並拓展與顧客的關係，吸引回頭客，增加新顧客，從而擴大酒店的營業額。

相反，如果一個行銷人員在行銷過程中，怠慢了其中一位顧客，導致客戶對行銷人員充滿敵意時，他會決定不再與這位銷售人員進行交易。這樣就會造成很多無法想像的損失。

舉個例子：如果一個銷售員在年初的某個星期裡見到 50 個人，只要他怠慢了其中的兩名顧客，會使這兩名顧客對他的態度感到不愉快。到了年底，由於連鎖影響，就可能有 5,000 個人不願意和這個銷售員打交道，他們只知道一件事：不要跟這位銷售員做生意。

但是，大多數商業人士並不了解失去某一位客戶的真正意義。另外，初步了解和運用「250 法則」的商務人員，也難免像寓言故事裡的盲人摸象一樣，只知道局部的力量而小範圍運用。如果你想從「250 法則」中獲得價值，你必須準確而有效地運用它。

那麼，行銷人員在日常工作中，要如何做才能不怠慢任何一位顧客呢？

▶ **冷處理**：接待情緒不佳的顧客，我們不能急，可以適當採用「降火」措施。一是不慍不惱。顧客情緒不好，說狠話，發脾氣，其實是個性所決定。我們一定要學會控制情緒，不要被顧客暴躁的情緒所影響，應保持正常的服務態度，不抵觸，不發火；二是好言相勸。顧客發火，我們不要計較。顧客都會對自己的問題非常關心，可以讓他們看說明書，使其安靜下來。

▶ **動作要快**：遇到急脾氣的顧客，要讓其盡快完成交易，在接待的過程中，不管他們說得是否正確，都要認真傾聽、保持微笑。顧客如果找不到發火的對象，也就不可能長時間待在商店。

▶ **不以自己情緒或偏見對待顧客**：時刻控制著自己的情緒，不以自己情緒的好壞來對待每一位客戶；不戴有色眼鏡看待每一位顧客，不以自己個人的好惡來評判每一位客戶。

- **正確看待每一位顧客的抱怨**：要認真傾聽，不要立刻辯解，尤其不要與顧客發生爭執。
- **發展再多新顧客，也不忘一個老顧客**：老顧客才是你真正忠實的「朋友」，是你最初的「1」，無論什麼時候都不要忘記他們，更不要傷害他們的感情。

對急需購買物品的顧客，應盡量讓交易迅速完成；對心裡有氣、脾氣暴躁的顧客，要給予熱情、耐心的接待，使對方冷靜下來，恢復理智；對態度傲慢、作風粗暴的人，要冷靜耐心、理智對待，切不可置之不理，更不能針鋒相對，導致關係惡化。

總之，要根據不同的顧客採取不同的應對方式。不管用哪種方式，有一個核心不變，那就是把每一位顧客都當做朋友那樣對待，不怠慢任何一位。

給你的客戶留點面子

身為銷售人員，無論在何時，都必須尊重客戶，任何人都不希望自己被別人看得微不足道。在推介產品時，你也許會發現客戶買不起你的產品，你或許會認為他是在浪費你的時間，但是如果你表現出對他的漠視，甚至羞辱客戶，就是「自斷生路」。

從心理學的角度分析，每個人心中都有某種強烈渴求被接納的願望。因此，銷售人員從接觸到客戶的那一刻起，就應竭盡所能地使他成為自己的忠誠客戶乃至終身客戶，而要實現這一目標，對客戶發自內心的尊重便是首要任務。不管銷售人員對客戶有什麼個人看法，都不能在言行和神態中表現出來，畢竟，每個人都會有自己獨有的個性，而銷售人員要做的，就是尊重客戶，用自己對客戶的尊重使客戶接納你的產品，為成功地實現

銷售做準備。

齊格‧齊格勒是世界上最偉大的銷售大師之一。一次，齊格‧齊格勒上門到一位客戶家銷售一種炒鍋。就在他和客戶快要談成生意的時候，該客戶的兒子正好從外面回來。

男孩一看父親選中的那個炒鍋，馬上說：「不要這個炒鍋。太難看了，用起來也不方便。」

男孩的父親一聽兒子這麼說，馬上就猶豫起來。齊格‧齊格勒發現這個男孩只有十七八歲，知道他正處於自以為是的年齡階段。但是從孩子父親的反應來看，又發現孩子對他有著非常重要的影響。齊格‧齊格勒心裡明白，這次銷售成功與否的決定因素就取決於這個男孩了。

於是，齊格‧齊格勒親切地和男孩攀談起來。他拿出產品的目錄給男孩看，讓他挑選自己喜歡的炒鍋的類型。結果，男孩一下子就看中了其中的一款，他指著那款小巧精美的炒鍋興奮地對齊格‧齊格勒說：「你瞧，這個多好，比我爸爸選中的那個好看多了。」

齊格‧齊格勒看著那款造型漂亮，容量卻很小的炒鍋，微笑著對男孩說：「是啊，這款炒鍋的確漂亮。不過，會不會太小了呢？」男孩想了想，也認同地點了點頭。

於是，齊格‧齊格勒找出一款和男孩選中的款式相同，容量卻更大的鍋具，然後對他說：「你覺得這個怎麼樣呢？和剛才你選的那款樣式一樣，只是更大些。呵呵，你這麼高的個子，那個小小的鍋炒可能還不夠你一個人吃吧？」

男孩一聽，撓撓腦袋，不好意思地笑了起來。最後，男孩和他父親一致決定買下齊格‧齊格勒為他們選中的那個炒鍋。

有時候，眼看生意就要做成，半路卻橫生枝節，面對這種狀況，可能

很多銷售人員都不會高興，恨不得立馬除去這些干擾因素。當齊格‧齊格勒遇到這樣一個多事的孩子時心裡難免有埋怨，可是他卻並沒有表現出來。當他發現男孩對其父親有著極大的影響力之後，意識到這個男孩成了他此次銷售成敗的關鍵，於是便馬上把銷售的重心轉向了男孩。結果，齊格勒透過對男孩頗具親和力的說服銷售，最終打動了男孩，同時也打動了男孩的父親，生意也自然而然做成了。

每個銷售人員都要記住，讓客戶感到不被尊重或沒有面子，對自己是有害無利的。因此，銷售人員一定要尊重客戶，千萬不要讓客戶覺得你目中無人。

有位老太太選好了兩把牙刷，由於銷售人員忙著又去接待另一位客戶，老太太道聲謝後就走了。

這時銷售人員才想起還沒收錢。

銷售人員一看，老太太離櫃檯不遠，於是略提升聲音，十分親切地說：「太太，你看。」

老太太以為什麼有東西忘在櫃檯上了，便走了回來。銷售人員舉著手裡的包裝紙，說：「太太，真對不起，我忘記把您的牙刷包上了，讓您這麼拿著，容易沾上灰塵，多不衛生呀。」

說著，接過太太的牙刷，熟練地包裝起來，邊包邊說：「太太，這牙刷，每支五角五分，兩支共一元一角。」

「呀，你看看，我忘記給錢了，真對不起！」

「太太，我媽媽也有您這麼大年紀了，她也常常健忘！」

面對沒有付錢的客戶，很多銷售人員會叫喊其回來，儘管把錢收了，但卻讓客戶很沒面子。而這位銷售人員用了一個小小的「迂迴術」，很自然地把老太太請了回來，又很自然地把談話引到牙刷的價格上，這樣一指

點，老太太也就馬上意識到了。在整個談話中，這位銷售人員沒有說一個為難的詞，啟發得十分自然，引導得十分巧妙，不僅收了錢，還讓老太太很高興。試想一下，如果她不是使用「迂迴術」，而是對著剛離開櫃檯的老太太喊一聲：「哎，您還沒付錢呢！」這樣做也未嘗不可，但對方會十分難堪，也難免會發生爭吵。

聰明的銷售人員要想做到尊重客戶，在溝通中還要盡量做到以下幾點：

1　包容他人的觀點

如果銷售人員能容忍與客戶的看法相左的觀點，客戶就會覺得他們的觀點值得一說也值得一聽。其實，越是能容納別人的觀點，就越能表明自己尊重她們。如回答「您的觀點也有道理」等。

2　別搶話也別插話

每當銷售人員要表明自己的觀點時，要記住別插話，否則就會給人以這樣的印象，您覺得他的話不值一聽。正確的做法是，可以默默記下想要說的話或者是關鍵字語，就能保證不至於忘記自己的觀點，以便在適當的時機和客戶說明情況。這樣的話，客戶就會覺得自己很受尊重，也更會從心底裡接受銷售人員提供的產品。

3　千萬別揭穿客戶的假話

因為人性之中都有虛偽的一面。面對客戶的一些假話，不管是善意的，還是惡意的，銷售人員都不要去揭穿它，自己心裡知道就行了，否則就是傷了客戶的自尊心，結果可想而知。很多人都以自己能夠揭穿別人的假話為自豪，其實，這不過是小聰明而已，在銷售工作中，這絕對是個大忌諱。

百貨公司的櫃檯前站著一個要求退貨的顧客，態度非常堅決。

「這件外套我買回去後，我的丈夫不喜歡它的顏色，覺得樣式也一般，我想我還是退貨，我不想讓他不高興！」女顧客說。

「可是上面的商標都已經脫落了。」

售貨員在檢查退回的衣服時發現上面的商標已經被磨掉了，而且她還發現外套上有明顯的乾洗過的痕跡。

「哦！我記得當時買走的時候好像就沒有，我保證我絕對沒有穿過，因為我丈夫一見到它就說它難看。之後我再沒有碰過它，直到今天我把它送來！」女顧客依然堅持要求退貨。

看著上面乾洗過的痕跡，售貨員隨機應變地說：「是嗎？您看會不會是這樣，是不是您的家人在乾洗衣服的時候把衣服拿錯了？您看，這件衣服確實有乾洗過的痕跡。」

售貨員把衣服出示給顧客看：「這衣服本來就是深色，髒不髒很難看出來，說不定誤拿了，我家也有過一次這樣的情況。」說完，售貨員溫和地笑了。

顧客一看，只好也跟著笑了，說道：「啊！一定是我家保姆送錯了，不好意思。」

機靈的售貨員用迂迴的方法，不僅順利解決了問題，而且讓顧客心悅誠服。身為聰明的銷售人員，就要學會保全客戶的面子，不管客戶做出了什麼，都要對其表示尊重。

第 8 章

管好時間，提升做事的效率

　　時間就是效率。時間是每一個銷售員都應該珍惜的。我們一定要認知到時間的重要性，並且能夠根據輕重緩急來安排事情。如果你能夠管理好自己的時間，那麼你便能夠贏得更多取得成功的機會。

清楚你的時間價值

　　富蘭克林先生曾說：「我們不能向別人多借些時間，也不能將時間儲藏起來，更不能加倍努力賺錢買一些時間來用。唯一可做的事情就是把時間花掉。」

　　時間對每個人來說都是公平的，是不可增加、轉讓、變更和儲存的，只有合理地安排時間，對自己的時間進行管理，才能有規律、有步驟地完成每一項工作。身為一名優秀的銷售人員，必須仔細規劃時間，盡量將時間用在銷售上，並有效地安排訪問次序。只有這樣，你才能在「時間就是金錢」的法則中遊刃有餘，贏得主動。

　　無論走到哪裡，我們都會聽到一種抱怨：「只要我有更多的時間，我就會……」當問到人們喜歡更多地擁有什麼東西時，你會得到各種不同的回答：金錢、假期、家庭生活時間、愛好、教育等。再向他們發問，什麼才能使他的生活更輕鬆，你會得到更加一致的答案：「我需要更多的時間！」

　　是的，每個人對於時間都有永無止境的要求。不過現在，我們要請你改變對時間的態度，並清楚你的時間究竟值多少錢。我們不妨計算一下：

　　假設你每年的收入是 8 萬美元，按照每週 40 小時工作時間計算，你每年工作 2,080 小時，那麼你每小時的時薪估價便是 38.46 美元。

　　如果你是做直銷工作的，如果你每天有一個小時花費在無收穫的活動上，那就意味著一年裡你花費了 1 萬元（每天 1/8 的時間花費了，8 萬元 ×1/8 ＝ 1 萬元），卻沒有從中得到任何東西。但更嚴重的是，你浪費了

你的時間，也浪費了老闆的時間；同時，你也失去了那些如果你能有效利用這些時間便會發掘出來的客戶和未來的生意。

身為一名優秀的銷售人員，你的時間的價位是由你自己決定的，沒有任何公司、任何團體、任何貿易協會、任何人可以支配你每小時的價位。

安排好時間可以避免產生消沉情緒。人們很容易迷失目標，但不要著急，每個人都有這種時候，你只需把精力集中在手頭的工作上，繼續去敲那些門、去打那些電話、去拜訪、去嘗試每一次機會。

不要讓自己捲入忙碌的工作，而要成為一個真正積極地把每小時的價位都提到新高度的人。

你每天都有 24 小時，你是把它花掉，還是把它用於投資？

真正的業務高手會把每一分鐘都用於投資。如果你開車去拜訪客戶，你可以收聽廣播節目，聽聽美妙的音樂。但是，一種更有成效的方法是把這些時間用於聽一些好的、教育性、推動性或鼓勵性的演講。

銷售高手傑克一般從上午 7 點開始一天的工作。傑克除了吃飯的時間，始終沒有閒過。傑克五點半有一個約會，為了利用四點至五點半這段時間，他便打電話，向其他客戶約定拜訪的時間，以便為下星期的推銷拜訪而預先安排。

李嘉誠每天利用上班路上的30分鐘請了一位英文教師幫他上英文課，多麼有價值啊！齊藤竹之助更是惜時如命。在工作中，他摸索出六條有效利用時間的方法：

▶ **與顧客共進午餐**：他認為，獨自一個人吃飯是最浪費時間的。與顧客共進午餐，可以使雙方的交談在一個非常融洽的氣氛中進行，容易達到預想的效果。另外，還可以從顧客那裡學到不少的東西，提升自己的修養。

▶ **利用等待顧客的時間讀書學習**：利用等顧客的時間看一些資料，觀察所在的環境，分析顧客的性格、愛好、財力、修養等，可以為與顧客見面時的交談做好準備。

▶ **做出良好的工作安排**：銷售特別是推銷工作需要準備大量的資料，這些工作要在前一天晚上在家裡做好準備。

▶ **合理地運用交通工具**：在拜訪客戶時走哪一條路線，坐什麼車都計畫好。根據要拜訪的客戶的位置制定行程表，可以避免在交通上浪費時間。在車上，還可以看一些資料，思考、推敲銷售方案，也可以記住街區情況、路旁建築物、商店位置，大型廣告上的企業名稱、地址、電話。

▶ **拜訪客戶之前，預先將客戶的所有情況調查清楚**：準備不充分時不去拜訪客戶。充分做好準備，在確定了推銷方案之後再去拜訪，就不會因為準備不足而白跑一趟。

優秀的銷售員懂得管理自己的時間

銷售人員的收入百分之百地來源於他們和客戶面對面接觸的每一分鐘。換句話說，時間就是金錢。結合銷售員和銷售經理的工作經驗，總結出以下十件最浪費時間的事。

▶ **遲到**：通常，遲到是由於害怕遭到拒絕或失敗。克服這種恐懼的唯一辦法就是每天都面對它，直到它消失。這種恐懼的最大特點就是，如果你能坦然面對它，它就退卻了。

▶ **未達成銷售**：銷售未能達成，還要再打電話，這是最浪費時間的。通常，這是由於銷售員準備不充分，落下了某樣東西 —— 正確的報價單、宣傳冊、庫存數據，或者別的。等你再打電話回去，客戶往往失

去了興趣。

▶ **準備不充分**：拜訪前應該做充分的準備，要盡可能多地了解客戶的情況。在對客戶一無所知的情況下就向客戶銷售產品，對客戶來說，沒有什麼比這更令他們惱火的了。

▶ **無知**：當客戶對產品或服務提出問題時，銷售員結結巴巴，繞來繞去，或者現場編答案，這不僅令客戶對銷售員和公司產生不信任，而且動搖銷售員自己的信心。

▶ **拜訪未經確認**：很多時候，銷售員因為害怕客戶會取消拜訪，而不敢打電話確認。當他到了客戶那裡，發現客戶不在。這很浪費時間。怎麼辦？在出發前給客戶的辦公室打電話。問接線員客戶在不在。如果在，就說，謝謝，請告訴他某某某打來電話，會在預定的時間拜訪他，然後掛斷。

▶ **糟糕的拜訪路線**：把你的客戶按地理位置劃成 4 類別。每天或每半天只拜訪一個類別裡的客戶。

▶ **不必要的完美主義**：當你發現自己在拜訪前一遍又一遍地研究資料，堅持每樣東西都清清楚楚，恐怕你很難否認，自己有些心虛吧。如果你大膽前行，你會忘記害怕的。

▶ **注意力分散**：控制自己，做到直視客戶，身體前傾，當客戶說話的時候專心地注視他。把你的眼睛想像成太陽，你要把他照亮。這能讓你把注意力保持在客戶身上，避免分心。

▶ **疲勞和加班**：據估計，今天，有 50% 以上的銷售員在亂打亂撞。遊戲規則是，如果你要每週銷售 5 天，那你每週就必須有 5 天早早上床睡覺。這樣才能得來更多更大的單子和更高的收入，包括你休假的花費。

▶ **缺乏雄心或欲望**：有時候，是由於銷售的產品不對路。有時候，是因為和主管或同事相處不愉快。不論什麼原因，如果你對自己的產品或服務提不起熱情，這可能意味著你應該換個職業。

根據輕重緩急來安排事情

做事情是以什麼標準來決定優先順序呢？人們通常是以工作的緊急性來確定，他們都是優先解絕對現在的目標來說最緊急的事情。

然而，通常事情除了緊急性，還有重要性。而我們通常會首先看到事情的緊急性，而忽略了一些重要的事情。例如：某個正為了一年後的司法考試努力念書的人，為了趕贈品截止時限，而特地跑到郵局將贈品明信片寄去。司法考試還在一年後，而明信片的截止日就在明天。在這種情況之下，很多人都會停下手頭的工作將較緊急性的明信片優先處理。

但是，以長遠的眼光來看，好好地準備明年的考試應該是較重要的。假定考試失敗，不僅會浪費一年的光陰，而且連帶損失的金錢都是無可計量的。因為透過司法考試的人，一年可以賺好幾十萬，這和去郵局寄明信片所得到的幾百元贈品相比，價值一目了然。

可是，很多人還是會去寄明信片。將緊急而不重要的事列為優先，重要的事卻往後拖。結果，到了明年就可能因準備不充分而無法通過考試。可見，我們要先掌握好較重要的事，如果還有時間，再去做那些較不重要的事。

因此，制定工作優先順序有兩個途徑：根據緊急性或根據重要性。

那麼具體應該怎麼做呢？

1 每天開始都有一張優先表

伯利恆鋼鐵公司總裁查爾斯·邁克爾·施瓦布（Charles Michael Schwab）曾會見效率專家艾維·利。會見時，艾維·利說自己的公司能幫助舒瓦布把他的鋼鐵公司管理得更好。舒瓦布說他自己懂得如何管理，但事實上公司不盡如人意。可是他說自己需要的不是更多的知識，而是更多的行動。他說：「應該做什麼，我們自己是清楚的。如果你能告訴我們如何更好地執行計畫，我聽你的，在合理範圍內價錢由你定。」

艾維·利說可以在 10 分鐘內給舒瓦布一樣東西，這東西能使他的公司的業績提升至少 50%。然後他遞給舒瓦布一張空白紙，說：「在這張紙上寫下你明天要做的最重要的六件事。」過了一會兒又說：「現在用數字標明每件事情對於你和你的公司的重要性次序。」這花了大約 5 分鐘。艾維·利接著說：「現在把這張紙放進口袋。明天早上第一件事情就是把這張紙條拿出來，做第一項。不要看其他的，只看第一項。著手辦第一件事，直至完成為止。然後用同樣方法對待第二件事、第三件事……直到你下班為止。如果你只做完第一件事情，那不要緊。你總是做著最重要的事情。」

艾維·利又說：「每一天都要這樣做。你對這種方法的價值深信不疑之後，叫你公司的人也這樣做。這個實驗你愛做多久就做多久，然後給我寄支票來，你認為值多少就給我多少。」

整個會見歷時不到半個鐘頭。幾個星期之後，舒瓦布給艾維·利寄去一張 25 萬美元的支票，還有一封信。信上說從現實的角度看，那是他一生中最有價值的一課。後來有人說，五年之後，這個當年不為人知的小鋼鐵廠一躍成為世界上最大的獨立鋼鐵廠，而其中，艾維·利提出的方法起了關鍵性作用。這個方法還為舒瓦布賺得一億美元。

2 把事情按先後順序寫下來，制定一個進度表

　　把一天的事情安排好，這對於你獲取事業的成功是很關鍵的。這樣你可以每時每刻集中精力處理要做的事。但把一週、一個月、一年的時間安排好，也是同樣重要的。這樣做給你一個整體方向，使你看到自己的宏圖。

　　真正的高效能人士都是明白輕重緩急的道理的，他們在處理一年或一個月、一天的事情之前，總是按分清主次的辦法來安排自己的時間。

　　商業及電腦鉅子亨利‧羅斯‧佩羅（Henry Ross Perot）說：「凡是優秀的、值得稱道的東西，每時每刻都處在刀刃上，要不斷努力才能保持刀刃的鋒利。」羅斯了解到，人們確定了事情的重要性之後，不等於事情會自動辦得好。你或許要花大力氣才能把這些重要的事情做好。始終要把它們擺在第一位，你肯定要很費力。下面是有助於你做到這一點的三步計畫：

- ▶ **估價**：首先，你要用目標、需要、回報和滿足感這四項內容對將要做的事情做一個估價。

- ▶ **去除**：第二是去除你不必要做的事情，把要做但不一定要你做的事情委託別人去做。

- ▶ **估計**：記下你為目標所必須做的事，包括完成任務需要多長時間，誰可以幫助你完成任務等資料。

▎拖延就是浪費時間

　　有句話說：「人生苦短」，說明了短暫的人生無限寶貴，生命是以時間來計算的，珍愛生命就應該珍惜時間，浪費時間就時浪費生命。同樣的，時間也是工作的計算單位，在工作中浪費時間，也是在浪費生命，在

工作中，存在著很多種浪費時間的行為，比如說聊天上網，消磨時光；比如說敷衍拖拉等，使要做的事情越來越多，導致最後什麼事情都做不好，如果改掉拖拉的習慣，充分利用每一分每一秒，就可以做更多的事情，從某種程度上來說，這也是在延長自己的生命。

班傑明·富蘭克林說：「時間就是金錢，假如一個人憑自己的勞動一天可以賺到 10 先令，那麼他如果外出或者閒逛半天的話，就等於扔掉了 5 先令。」雖然這麼計算有點苛刻，拖延卻是浪費時間最明顯的表現，但拖延卻在工作中十分常見。

拖延有很多偽裝，比如說，懶惰，漠不關心，健忘等等。基本上，在所有的企業拖延是一種普遍存在的現象，比如說主管安排的任務，不願意主動去做，只有主管逼著才會往前走，做事磨磨蹭蹭，甚至有時候有一種病態的休閒。一旦這種習慣成為一種風氣後，員工工作效率就會變低，同時士氣也會低落，直接導致公司效益降低，甚至可能會面臨著破產等風險。因此，在主管的眼中，執行任務喜歡拖延的員工，就是裁員的首要目標。為了自己的前途，一定要避免拖延的情況出現在自己身上。

林玉軒是個胖男孩，他性格淳樸憨厚，做事踏實。大學畢業後，應聘了多家公司都遭到拒絕，原因是他太胖了，「愛美之心，人皆有之」哪家公司不想找個又能工作，長得又漂亮高顏值的員工呢？

在林玉軒的再三努力下，他終於找到了一家公司，但公司只讓他做低階職員，負責一些零散瑣碎的工作，比如說接電話，發文件等等。即使是這樣的工作，林玉軒也能夠很認真地完成，每天大家都會看到跑得汗流浹背的林玉軒，來往於各個辦公室，傳送資料或者收發信件，大家覺得他像一隻醜小鴨，在辦公室裡飛來飛去，於是給他取了個綽號，叫作「奔跑的鴨子」。

林玉軒並不在意這個綽號，每當有人叫他時，他都憨笑著答應，同事們都在背地裡笑話他，認為他傻氣十足，只有一個人不這樣認為，那就是林玉軒的老闆，他覺得這個年輕人很有潛力，更令他感動的是林玉軒的工作態度，不論大事小事，只要是別人吩咐他去做的，他都會立即完成，哪怕這個人的職位比他還低。

於是，老闆將林玉軒調到了銷售部，在新職位上，林玉軒還是一如既往地工作，只要是他的工作，他都會盡快踏踏實實地完成。一次，老闆給銷售部下達了全年的年度任務，必須完成 2,500 萬的銷售額。每個人都覺得這個任務太苛刻，連銷售經理都在抱怨：「這個目標根本不可能實現，老闆也太苛刻了，我必須想一個好辦法。」於是，銷售經理組織下屬所有員工拖延老闆的命令，希望能給老闆一些壓力，讓他降低銷售部的銷售目標。

所有的人都拖拖拉拉，只有林玉軒一個人在努力工作，同事們都排擠、打壓他的熱情，但是他都沒有放在心上，離交任務還有一個月的時候，林玉軒已經完成了自己全部的銷售任務，而其他同事都沒有林玉軒做得好，他們甚至連自己任務的 50% 都沒有完成。

老闆看到林玉軒的成績很高興，於是辭退了原來的銷售經理，提拔了林玉軒。林玉軒在上任後，依然忘我的工作，只用了一個月，他就帶領著銷售部其他員工完成了剩下的銷售任務，大家都被林玉軒的精神所感動，銷售部上上下下空前的團結。

不久以後，公司被一家更大的公司收購了。令人意想不到的是，新董事長上任的第一天就宣布林玉軒為這家公司的總經理。為什麼會讓胖得有些難堪的林玉軒擔任總經理呢？原來，在談收購的過程中，這位新董事長多次來到這家公司，他對林玉軒這位「奔跑的鴨子」胖林玉軒留下了非常

深刻的印象，認定他就是未來公司所需要的人才。

在林玉軒取得成就後，他常常告訴自己的下屬，只要你讓自己跑起來，總有一天你會學會飛。

是的，只有能跑起來的人，才會有飛翔的機會。要知道，拖延不能解決任何問題，拖延只是在白白地浪費時間和生命，只有堅決執行，跑起來的人，才會更優秀，而拖延，只會讓你更加平庸無能。

珍惜時間，提升效率

每個銷售員都要懂得，時間就是金錢，時間就是成功。不浪費一分一秒，有效率地管理時間，才能盡快地成長為優秀的銷售員。

任何事物既是客觀的，同時我們在精神上，對它又會有一種主觀的感覺。對時間也是如此。時間本身是客觀的，但人們對於時間還有一種主觀的感覺，這種主觀的感覺跟時間的客觀長度往往不一致，叫作「心理時間」。

心理時間的表現之一是：人們隨著年齡增長，會感覺時間過的越來越快。比如：很多中老年人都覺得，時間一年比一年短，過得一年比一年快；而在童年、少年時期，卻覺得時間每年都很漫長。

心理時間的這個規律提醒我們：人在年輕的時候總覺得自己擁有大量的時間，從而不懂得珍惜；但是隨著年齡的增長，卻可能越來越感到時間的有限和寶貴，這時再後悔不珍惜時間卻已經晚了。

我們知道，銷售員所從事的工作，自由度非常大，而自由的一個弊端就是，容易導致人在使用時間上非常隨意，甚至把該工作的時間用在吃、喝、玩、樂等方面。結果可想而知，這樣的人，最後很容易荒廢寶貴的時間，碌碌無為。

173

　　日本的專業統計資料指出，人們通常每 8 分鐘就會受到一次打擾，每小時大約 7 次。按 8 小時工作制算，每天 50 ～ 60 次。平均每次打擾大約是 5 分鐘，總共每天大約 4 小時，占用了約 50%的時間，其中 80%（約 3 小時）的打擾是沒有意義或者極少有價值的。人被打擾後重拾原來的思路平均需要 3 分鐘，總共每天大約就是 2.5 小時。根據以上的統計資料可以發現，每天因打擾而產生的時間損失約為 5.5 小時。按 8 小時工作制算，這占了工作時間的 68.8%。這是一個多麼巨大的損失。為了能夠更好地發展和表現自己，趕快行動起來吧，揪出時間的竊賊吧！

1　不要做無意義的拜訪

　　每一次對客戶的拜訪都很重要，不要盲目地、無目的地上門拜訪。這樣的拜訪並不能給你帶來什麼好處，相反，可能會讓你離成功越來越遠。這是由於準備不充分造成的，而並不是因為客戶的不領情造成的。

　　客戶最討厭誇誇其談卻又不知所云的銷售人員。因此，你的每一次拜訪都應該讓客戶感受到你的主題、你的用心。你每做完一次拜訪，都應該清楚地問問自己：目的達到了嗎？離客戶是更遠了還是更近了？這次的拜訪有什麼意義？下次應該採取什麼措施才得當。

　　工作了並不一定就有效果。在任何情況、任何狀態下都能工作，你可以糊里糊塗地工作，也可以精神抖擻、有計畫地工作。無意義的工作只會讓你經受更多的挫折，成功的銷售要掌握每一個細小的環節。

　　因此在拜訪前，你應該確認以下事項。客戶時間是否預約了，出門拜訪前是否再次確認時間。物品是否準備齊全。要什麼沒什麼只會浪費你和客戶的時間。此次拜訪的目的是什麼、要收集的客戶資訊有哪些、主目標是誰。

拜訪的區域是否規劃好。時間要花在與客戶的溝通上而不是花在交通上。

② 一問三不知

日常生活中，我們經常會碰到一些對產品和行業知識一問三不知的銷售人員。他們缺少專業知識的儲備，缺少應對客戶的充分準備。一旦上了「戰場」，他們很容易就變得緊張起來，甚至不知道如何回答問題了。其實，每個銷售人員都應該知道，掌握專業的產品知識和市場知識是創建客戶對你的信任感的武器。而要提升工作效率，創建這種信任感是最有效的。

對產品有興趣的人往往有更多的問題。如果我們的專業知識能使客戶的問題得到滿意的回答，就會在無形中縮短客戶考慮的時間，就能滿足客戶的消費安全感。好的開始是成功的一半，這樣，成交的可能性就會增加。相反，缺乏專業知識會讓成交的時間拖長，甚至到最後以失敗告終。所以，如果你自己沒有準備好，就不要浪費自己和客戶的時間。

③ 生理的疲憊

一個沒有朝氣的銷售人員每天都不會有一個好的開始，因為活力與熱情是一場愉快的訪談過程中的超級潤滑劑，所以一個人是否擁有良好的生活習慣也會直接影響到一個人的工作效率。

疲憊的身體會造成注意力不能夠集中，應對上的反應力變差，兩眼無神，氣色不好，打哈欠，口臭，這些都會在客戶的心目中留下極差的印象。因此在你注意自己的業績的同時，也要多花一些精神去注意自己的身體狀況和培養良好的生活習慣，以及充分的休息。

有些年輕的銷售員很容易仗著自己年輕的本錢，任意揮霍，孰不知很多小小的影響力已經慢慢地開始發揮，在這個世界上任何人都是相同的，沒有花不完的本錢，當本錢花的差不多時，他已經在你的銷售生涯中造成了無可彌補的影響！

4　創造高效時間區

我們還可以創造高效時間區，即在有限的時間裡完成更多的事情。比如：平常上班的時候，比大家早到一個小時，或者晚走一個小時。在這一個小時裡沒有人打擾你，你可以靜下心來仔細地考慮一些事情。

5　逆勢操作省時間

有時別人搶著做的事情，我們並不一定也要去做，等氣氛變冷了，沒有人願意去做的時候我們再去做，這就是逆勢操作。比如：中午十二點左右時間出去吃午餐，是人最多、最擠的時候。如果選擇另外一個時間，早一點或者晚一點，你就會比別人省下不少時間。

6　學會批量處理事情

批量處理分為時間和空間兩種。把同一區域或附近區域的客戶，盡量集中在同一時段拜訪，可以為你節約不少時間。這是空間上的批量處理。你現在要打電話給客戶，就把今天要打的所有電話都找出來，集中起來打，這就是時間上的批量處理。

7　利用零碎的時間

善於利用零碎時間來學習，是世界上許多成功者的習慣。一天中，我們的等候和空檔時間是很多的，如等電梯、等公車、上下班的路上。調查

發現，用午餐時間與客戶約會，每年可以多贏得 1 個月時間。每天利用路上的時間學習，一年至少多贏得 600 小時（75 天）的學習時間。在等公共汽車時有近 10 分鐘的空當時間，與其毫無目標地與人閒聊或四下張望，不如想一想自己將要拜訪的客戶，想一想自己的開場白，對自己的下一步工作做一下安排。

第 9 章
接打電話，萬金千里一線牽

電話行銷是銷售的一種方式。一個優秀的銷售員必須掌握一些電話行銷的技巧，千萬要注意打電話的時間不宜過長，盡量避免一些語言上的失誤。倘若你真正地學會了運用電話來為自己創造業績時，那麼你實現銷售冠軍的夢就不會太遙遠了。

要想不被人擋駕，學會巧妙地越過祕書

在電話銷售的溝通過程中，你往往不會那麼順利地與你的潛在客戶見面，因為在最終的客戶面前往往還有接線人、祕書之類的障礙橫立在我們面前。因此，如果想要順利地進行溝通，你就必須先越過那些障礙。

進行電話溝通，只有找到決策人才算是溝通的開始，因為非決策者無法對你所提供的產品和服務做出購買的決定，甚至根本不感興趣，所以商務電話溝通最重要的一點是如何找到真正的購買者，能做決策的購買者往往是公司或企業的高層或負責人。在找到他們之前，電話往往迂迴地被對方的祕書或接線員擋駕。所以，學會如何在短時期內突破這些接線人與祕書的擋駕也將是一個重要的環節。

那麼，究竟該如何去順利突破這些障礙呢？請熟練掌握以下法則：

1 懇求幫助法

每個人內心深處都有貢獻他人和社會的情懷、幫助他人的意願，所以突破祕書關的第一個方法就是幫助法則。

「小姐，您好！我有急事需要馬上跟黃總商討一下，您可不可以幫我把電話直接轉給黃總？」提出這個願望，同時你說的話又講得非常貼切有禮貌，對方就很難拒絕。

商務電話溝通最大的特點是通話的雙方在電話線的兩端，看不到對方的外貌舉止，所以你的聲音和語氣將決定對方對你的印象。如果你想讓別人聽下去，就要給對方一個良好的印象，進而為自己塑造一個良好的電話性格。

在與祕書進行溝通時，要很尊重他們。而尊重的語氣，首先表現在禮貌的寒暄、言語的適當停頓和聆聽祕書的反應上。如果你沒有招呼，語言唐突，術語太多，不顧接線人反應，令對方不得要領。這樣不僅導致祕書對你的第一印象欠佳，還會給人一種電話騷擾的感覺。

有時你也可以這樣說：「您好，我是某公司的（這種簡稱的自我介紹，聽上去要親切得多），有個樣品介紹單，我們想給總經理發個電子郵件，您知道總經理的電話吧，我想記一下。」

這個介紹單的真假無關緊要，關鍵是，這是一個很好的試探，給雙方都留有談話的餘地，禮貌地迴避了那些引人反感的囉嗦話。

因為清楚明瞭，順情合理，你就很容易得到接線人的認可。

2 妙用私事法

「我找林總。」

「請問你找林總有什麼事情？」

「我跟林總之間有些個人私事，我想李祕書你一定不太方便替你的總裁處理他的私事吧？」「好吧，我幫你轉進去。」一般的祕書在私事問題上害怕涉及總裁的隱祕，萬一處理不好就要被炒魷魚，她會覺得不太划算，就會馬上給你轉進去。不過，你講話的語言、聲音要讓她感覺到你跟總裁之間有私事、私交、私情。

3 巧妙地回電話

「剛才我的手機接到了一個電話，可能是你們總經理打給我的，能幫我轉一下嗎？」也許你的手機從來沒有接到過電話，但你說了這句話，祕書就會認為是自己總經理打出的，所以沒有過濾，就給你轉進去了。這個方法特別巧妙，用這種方法打給許多企業的總裁祕書，她們一般都防不勝防。因為她的確無法判斷你講的這句話是虛假的，還是真實的。

4 我是 ×× 的朋友

「我找 ×× 先生。」祕書就會認為，可能是你的好朋友，你看直接叫 ××，她就把電話轉給 ×× 了。而該人與 ×× 可能並不相識，但他讓祕書感覺到跟 ×× 是老朋友、老同事、老關係、老業務，而讓祕書覺得無法拒絕他，因為他太親切，太熟悉了。假如今天你想與客戶建立一種良好關係的話，有時不妨說：「喂，我跟你們老林是老朋友了……只是沒有見過面而已。」那就是「神交已久」，精神的來往已久，只是沒見過面罷了。

5 有時應直截了當

直截了當法則有個技巧，就是你必須有非常強烈的自信心。打電話時抬高聲音說：「喂，找一下老李。」「喂，找一下李總。」你給對方的感覺是你是高高在上的。

在適當時候，在運用電話為公司開拓業務的時候，如果能培養出打電話的自信心，打電話時有非常貼切的尺度、貼切的分寸、有效的空間，就能給客戶帶來良好的印象。

6　善用誘導法

在繞障礙時，有些人不懂得誘導祕書。

比如：「請問採購部的電話您知不知道？」或者問：「我可不可以找一下你們的經理？」能不能用這樣的語氣問呢？不能。因為沒有引導性。

「您知道採購部的電話嗎？」

「知道怎樣？不知道又怎樣？知道不知道你管不著吧。」

「我可不可以找一下你們的經理？」

「經理又不歸我管，我怎麼知道你可不可以找？」

你要養成一個習慣，不要用這種問法。應該說：「您知道供應科的電話吧，我記一下。」引導他默認「是」，然後告訴你。

「麻煩您，請您叫一聲經理好嗎？謝謝您。」引導他默認「好」，然後告訴你。

再對比下面的兩句話：「這個星期再吸收 5 個會員行不行？」與「這個星期再吸收 5 個會員有沒有信心？」很明顯，後一種問法更能誘導出肯定的回答。

所以在選擇語氣時，要學會把祕書向一個正確的方向引導。也就是說，只有給祕書一個很便利的回答方式，你才能得到你想要的肯定的回答。

不要去誘導祕書說「不行」、「不可以」、「沒有時間」、「不可能」。如果你拿起電話對祕書說：「供應科的電話您可能不知道吧？」他肯定會說，「嗯，不知道。」那你還怎麼繞過障礙？

打電話時間不宜過長

　　由於人們越來越重視私人空間，人們對行銷電話基本上都是排斥的心理，尤其是囉哩囉嗦沒完沒了的行銷電話。所以在進行電話行銷時，切記不要與顧客通話時間過長，這樣只會招人厭煩。身為一名優秀的銷售人員，一定要注意到這一點。

　　有的時候，行銷人員經常碰到這樣的情況，一接起電話，對方就不管三七二十一一陣狂轟濫炸，不厭其煩，說個不停。不用說你肯定不想多聽了，也不想說了，甚至直接掛了。行銷人員也該好好地將心比心，萬一自己在打電話給顧客的時候，顧客也是拿出這樣的對待方式，不是也很懊惱嗎？最起碼在做電話行銷的時候，假如對方不願意再繼續接聽下去的話，也要識相地說一聲「謝謝或再見」。很多行銷人員不懂，當接電話的顧客禮貌拒絕時，他們還不肯面對禮貌的拒絕，而是繼續喋喋不休，最終只會適得其反。

　　李先生做保全工作，經常值夜班。幾天前，他休息時接到一個保健品的行銷電話：「我知道您是保全人員，經常上夜班，您是否考慮一下對自己的身體進補。」還在睡夢中的他隨口答應一聲，便掛了電話。沒想到，隨後幾天該電話頻頻打來，這個行銷者好像磁石般「黏」上了他，並且每次在電話中長篇大論、喋喋不休地介紹。一向隨和的李先生忍無可忍，總算對著電話發了幾次脾氣，這才停止了這次討厭的騷擾行銷。

　　彭先生退休後經常和老伴參加一些活動。彭先生說，有一次一位保健品行銷人員向他索要電話，他實在躲不過就告訴了對方。沒想到此後就一直接到該保健品行銷人員的電話，這倒無所謂，令老伴極為不滿的是，這位行銷人員在電話中婆婆媽媽，氣得他把家裡的電話線都拔了！這位行銷人員不識趣，過些天竟拎著一大包保健品不請自到彭先生家門，彭先生只

好斷然下了逐客令。

有的顧客很多時候也許說不定需要你的產品，關鍵被你一通糾纏不清的電話打擊了興趣。如果你老是在某個問題上扯來扯去，半天沒個結果，自己都忘了已占用顧客電話時間過長，對方不僅不會對你做出任何答覆，明顯會十分反感。因為也許他正等著處理某一事情，他內心期望你立即放下電話。因此，當你考慮到對方可能要一段時間才能給你答覆時，你可以先掛上電話，要求對方回電告知你，或者你過一會兒再打過去，這樣就不會過長時間地占用顧客的電話線，影響他的正常業務。因此，行銷人員在與顧客的電話中應謹慎，切莫說話時間過長，否則就等於自取滅亡。

當有的顧客的確不需要你的產品時，你唯一的選擇就是禮貌地退出，而不是再浪費時間糾纏下去。如果有的顧客需要產品，但現在還沒有購買計畫，因此一口回絕了你，這時你也最好退下來，即使有些不甘心，也得另選突破口，重新選擇時機或找新的話題。

怎麼拿捏好通話時間的長短，這就需要行銷人員具備一些起碼的電話行銷素養與技巧，其中心態和語言技巧在電話行銷中非常重要。一種好聽的聲音可能就會影響對方的興趣。語言的技巧可以使原來非常單調或者說是讓人厭煩的事聽起來有一定的吸引力，並且不要在電話中講太多的專業用語，人們不需要在電話裡還聽人教導。如此一來，即便是通話時間長了些，顧客也不會心生厭煩，也許還會跟你做進一步地談判。

在電話行銷工作中，也可以先明說打電話的目的以及大概需要多長時間。應實事求是，既不可多報，也不能少說。明確需占用一刻鐘，切不可只說：「可以占用你幾分鐘時間嗎？」比如可以這樣說：「林總，我想和你談談分配方案的事宜，大概需要一刻鐘。現在就談您看方不方便？」

更重要的技巧是一定要掌握撥打電話的時機。時機算準，萬事俱備，

打電話時一定要掌握好時機。凌晨或是半夜打電話給對方，通常都不受歡迎。又如，上午 8 時到 10 時左右（尤其在星期一）的時段，是上班族最忙的時候，打電話最好能夠錯開這個時段。因此，有必要知道對方何時有空，以免引起對方的疑惑或反感。還要避免在吃飯的時間與顧客連繫，如果把電話打過去了，也要禮貌地徵詢顧客是否有時間或方便接聽。例如可以這樣說，「您好，王經理，我是 ××× 公司的 ×××，這個時候打電話給你，沒有打擾你吧？」如果對方有約會恰巧要外出，或剛好有客人在的時候，應該很有禮貌地與其說清再次通話的時間，然後再掛上電話。

　　總之，避免電話行銷中通話時間過長只是行銷人員的基本功之一，還包括通話內容、通話過程等。此外，打電話時還應該注意各方各面的細節，如說話聲音、表達方式、接聽技巧等。只有掌握了打電話的基本禮節，才有利於提升你的行銷業績，為你帶來更多的訂單。

盡量避免一些語言失誤

　　有些行銷人員在電話行銷中不注意語言細節，說起話來大喇喇。經常這樣，難免會出現一些語言失誤，可能帶來不好的負面效應。給顧客打電話，特別是給陌生的顧客打電話時，就不像我們平時給朋友打電話那麼隨便了。什麼時候打、說些什麼話、哪些話可以問、哪些話不能說，都是需要十分注意的地方，甚至是你說話的語氣，在不同的場合都有不同的講究。

　　一根根細細的電話線，交織成一張碩大無比的網路，將整個世界縮小了許多。而行銷部門的電話，是熱線中的「熱線」。因為我們與很多從未謀面的顧客接觸時，就是用電話連繫，這是行銷的第一步。

　　有這樣一個電話，開頭就說：「您好！我是某保險公司的張旭光，本來打算直接去拜訪您，可是沒事先與您約好，又怕太不禮貌了，因此先打

電話給您，請問您什麼時間有空呢？」

這個聽起來相當客氣的約見電話，其實一點都不管用。一般人對此類電話的答覆大多是：「我忙得很，改天有空再說吧！」不得體的電話語言只會徒勞無功，白白地浪費你最寶貴的時間。

當你主動打電話給陌生顧客時，你的目的是讓這個顧客能購買你介紹的產品或服務。然而，大多數時候你會發現，你剛做完一個開頭，就被禮貌或粗魯地拒絕。現在，就讓我們來看一下，怎樣有效地組織開篇，來提升電話行銷的成功率。

一般來說，接通電話後的 20 秒鐘是至關重要的。你能把握住這 20 秒，你就有可能用至多一分鐘的時間來進行你的有效開篇，這其中包括：介紹你和你的公司，說明打電話的原因和了解顧客的需求，說明為什麼對方應該和你談，或至少願意聽你說下去。

要引起電話另一端顧客的注意，主動打出最重要的事莫過於喚起顧客的注意力與興趣。對於素不相識的人來說，一般人都不會準備繼續談話，隨時會擱下話筒。你需要準備好周密的腳本，透過你的語言、聲音的魅力引起對方的注意。

而且你一定要記住，面帶微笑及訓練有素的語音、語速和語調很重要。這是透過過程中傳達給顧客的第一感覺，即信任感。增加顧客在電話交流時的愉悅感，樂意與你溝通下去的願望。神經語言學強調過，語音、語速、肢體語言和臉部微笑的表情在電話行銷中的積極性。微笑是一種有意識的放鬆、友好和禮貌的舉止，透過電話傳達給對方，讓其能夠感覺到你的真誠和可信度。

原則上，行銷人員在與顧客的通話中，談話的時間要精短，語調要平穩，出言要從容，口齒要清晰，用字要貼切，理由要充分。切忌心緒浮

躁，語急逼人，尤其在顧客藉故推託、有意拖延約見之時，更要平心靜氣，好言相應。如果巧言虛飾，強行求見，不但不能達成約見目的，反而會徒增顧客的反感。引導顧客做出決策，牽制住他的思路，讓他按照你的想法來思考，這樣，在無形中他就朝著你預設的目標走去了。

常言說得好，「沉默是金」、「此時無聲勝有聲」。電話行銷中若語言出現失誤了，這一點就尤為重要。當語言失誤時，不妨沉默一會，因為此時，客戶有可能會因你的沉默而怒氣頓消，並能達到緩解氣氛的作用。

在某種情況下，行銷人員沒犯任何語言錯誤，並且在快要成交之時，客戶卻在另一頭沉默無聲。因為電話是兩個互相看不見的人在通話，當對方沉默時，行銷人員會覺得每一秒都非常難挨，往往沉不住氣，不能等待客戶思考完就將客戶的思路打斷。於是貿然地冒出幾句不經思索的語言，不僅打斷了他的思路，還會使你的遊說節外生枝。

正如有的行銷人員所說的那樣：「對方一沉默，我就像被人用槍頂著，卻總也聽不見槍響，真比挨一槍還難受。」這就是行銷新人常犯的沉默恐懼症。他們認為沉默就意味著缺陷。客戶的沉默使行銷人員感到非常壓抑，他們會很衝動地產生打破沉默的念頭，這時候就往往犯錯誤。相反，有經驗的行銷人員在說到一定程度的時候，會主動沉默，這種沉默是允許的，而且也是受客戶歡迎的。

耐心最重要，不可急於求成。有時候，可能你拿起電話就出乎意料地撞到了準客戶。或者你已經繞過了祕書小姐的盤問，雖然沒有獲得準客戶的姓名，但總機已經直接轉到了準客戶的辦公室。此時，切記不要因電話進行得太順利而犯急於求成的毛病，對著話筒口若懸河起來。否則，準客戶說了什麼、對這次談話抱什麼態度，你都可能會因為興奮而不顧言語之忌，又鑄成大錯。

| 電話預約客戶的妙招

電話約見速度快且靈活方便，是約見客戶的主要方式。它使銷售人員免受奔波之苦，又使客戶免受突然來訪的干擾，幾分鐘之內雙方可就約見事宜達成一致。但銷售人員在運用電話約見時，要講求技巧，談話要簡明精練，語調平穩，用詞貼切，心平氣和，好言相待，特別是客戶不願接見時不可強求。

電話預約客屋主要有以下幾種方法：

1 利益預約法

銷售人員透過簡要說明產品的利益來引起客戶的興趣，從而轉入面談。利益預約法的主要方式是陳述和提問，告訴購買者所銷售的產品給其帶來的好處。比如：一位文具銷售人員說：「我們廠生產的各類帳冊、簿記比其他廠商生產的同類產品便宜三成，量大還可優惠。」這種利益預約法迎合了大多數客戶的求利心態，突出了銷售重點和產品優勢，有助於很快達到預約客戶的目的。

2 問題預約法

直接向客戶提問來引起客戶的興趣，從而促使客戶集中精力，更好地理解和記憶銷售人員發出的資訊，為激發購買欲望奠定基礎。比如：「劉女士，您好！秋天來了，你的皮膚是不是感覺比夏天乾燥？有沒有脫皮現象？告訴你，這是因為氣候乾燥、氣溫下降的原因造成的。我要跟你約個時間，看看你的皮膚狀況，讓你試用一些能補充水分、讓皮膚滋潤的產品，教你秋季護膚的祕訣。你看什麼時間方便？這個週三還是週五或其他時間？你能把你的電話告訴我嗎？到時我會打電話去邀請你的。」

③　讚美預約法

　　銷售人員利用人們的自尊和希望他人重視與認可的心理來引起交談的興趣。每個人都喜歡別人讚美的，讚美預約法是銷售人員利用人們希望讚美自己的願望來達到預約客戶的目的，這一點以女性更為突出。

　　當然，如果方法不當也會起反作用。在讚美對方時要恰如其分，切忌虛情假意、無端誇大。讚美一定要出自真心，而且要講究技巧。比如：「今天我們來這裡，印象最好的就是你，你的服務態度、你的微笑都讓我感到親切。我是某化妝品公司的美容顧問，你可以來聽我講課、護膚和彩妝，而且是免費的。你也可以約一些朋友一起來，好嗎？你看，下週什麼時間最好？週一還是週三？」

④　求教預約法

　　一般來說，人們不會拒絕登門虛心求教的人。銷售人員在使用此法時應認真企劃，把要求教的問題與自己的銷售工作有機地結合起來，以期達到約見的目的。

⑤　好奇預約法

　　一般人們都有好奇心。銷售人員可以利用動作、語言或其他一些方式引起客戶的好奇心，以便吸引客戶的興趣。

⑥　饋贈預約法

　　銷售人員可以利用贈送小禮品給客戶，從而引起客戶興趣，進而預約客戶。在選擇所送禮品之前，銷售人員要了解客戶，投其所好。值得指出的是，銷售人員贈送禮品不能違背國家法律，不能變相賄賂。尤其不要送高價值的禮品，以免被人指控為行賄。

7 調查預約法

銷售人員可以利用調查的機會預約客戶，這種方法隱蔽了直接銷售產品這一目的，非常容易被客戶接受，也是在實際中很容易操作的方法。比如：「小姐您好！可以打擾您幾分鐘嗎？我是某某公司的美容顧問，我想請您幫忙做個問卷調查，回答問卷上以下幾個問題：A. 您經常感到皮膚乾燥發澀嗎？ B. 您是否覺得自己很累呢？ C. 您是否覺得自己的皮膚沒有光澤和彈性呢？……如果您有機會學習改善以上問題的方法，您願意抽出 1 ～ 1.5 小時的時間嗎？」

如果客戶願意的話，你可以這樣說：「非常謝謝您的合作，為了表示對您的感謝，我想贈送給您一堂免費的美容課，課堂上我會教您如何正確地保養皮膚，您還可以免費試用我們的產品。您看，這個星期您什麼時間方便，週二還是週四？」（進一步確定時間）

如果客戶不願意，則這樣說：「沒有關係，今天非常謝謝您的合作。為了表示感謝，以後我會定期寄一些本公司有關皮膚保養和產品介紹的小冊子給您，您是否願意把您的地址和電話給我呢？」

8 連續預約法

銷售人員利用第一次當面預約時所掌握的有關情況實施第二次或更多次當面預約。銷售人員事實證明，許多銷售活動都是在銷售人員連續多次預約客戶後才引起客戶對銷售人員的注意和興趣，進而為以後的銷售成功打下了扎實的基礎。

第 10 章
完美拜訪，做一個優秀的傾聽者

拜訪客戶是銷售環節中非常重要的一部分。每一個優秀的銷售人員都應該懂得精心地準備好每一次拜訪，努力記住客戶的名字，讓客戶把你當成自己人來看待。當我們做好了拜訪工作時，就會離成交越來越近了。

精心準備每一次拜訪

不管在哪一領域，精心準備，有備而來都是一種專業的表現。拿高薪的銷售人員在拜訪任何一位客戶之前，都會回顧一遍所有的細節，他們會研究以往的拜訪紀錄，閱讀從潛在客戶處收集來的介紹和資訊，所以他們的潛在客戶在交談一開始，就會立刻感受到他們的確有備而來。

另一方面，拿低薪水的銷售人員總是試圖依靠最少的準備矇混過關，他們去會見客戶時總試圖「即興發揮」，他們認為潛在客戶一般不會注意這一點。但潛在客戶和現有客戶對於一個人是否有備而來非常敏感，所以，不要讓這種缺乏充分準備的情況在你身上發生。

你的目標是成為你所在領域銷售的前 10%。為了達到這一目標，你必須做前 10% 要做的事，周而復始，直到這樣的事做起來如呼吸一樣輕鬆自然。而且，頂級銷售人員在每一次與客戶接觸時，都準備得很充分。

為成功實現銷售所應作的準備包括三個方面：拜訪前的調查研究，拜訪前明確目的，以及拜訪後的分析。

1　拜訪前的調查研究

這一階段，你應盡可能多地收集潛在客戶或是潛在客戶所在公司的資訊。透過網際網路、當地圖書館、報紙或其他管道收集這些資訊。而且在你收集某個公司資訊的時候，你可以到那裡進行拜訪，或者請那個公司的人將他們近期用來開拓本公司市場的產品資訊小冊子以及其他銷售資料寄

給你。拿到資料後，通讀這些資料，並對其中的主要觀點作筆記。你的前期調查研究工作做得越充分，最後坐下來和客戶交談時，你的發言就會越發顯出你的資訊靈通、思維睿智。

如果你面對的客戶是個商業企業，那麼盡你所能去了解這個公司的產品、服務、發展史、競爭對手和現在進行的商業活動。我們的原則是，如果資訊沒有準備充足，那麼不要向你的潛在客戶提出任何問題，沒有什麼比「你們公司是做什麼的」這樣的問題更能在瞬間破壞客戶對你的信任了。

這種問題一問出口，就告訴了潛在客戶：在拜訪前你並沒有花費任何力氣去做調查研究。在第一次與客戶接觸時，這絕對不是你想要向客戶傳達的資訊。

2 拜訪前明確目的

為了成功地實現銷售，你需要做的第二方面準備是：拜訪前怎樣明確你的目的。在這一階段，你應該預先對拜訪的各個細節進行仔細思考，認真計畫。設想這樣一個情景，你們的銷售經理在和你共同關心這個客戶，在你動身拜訪客戶之前，他問：「你將要與誰見面？你將要問他什麼事情？透過這次拜訪，你希望得到一個什麼樣的結果？」

對於上述問題你將給出一個怎樣的回答，在拜訪潛在客戶之前，一定要認真思考這些問題並得出你的結論。對你來講，最好將你要說的寫在紙上，以便在你和客戶交流的時候，把這些問題提出來。客戶們喜歡那些精心準備了書面企劃的拜訪者。

這裡有一個技巧，它已為大多數頂尖銷售專家所採用，即在拜訪客戶之前準備一個「排程」。依照從全面到具體的順序，將你所要問的問題列在一張清單上，並在這些問題之間均留有空隙，以方便潛在客戶記筆記。

當你會見潛在客戶時，要說：「謝謝您在百忙中抽出時間來見我。我知道您時間寶貴，所以我為我們的這次見面擬定了一個排程，我們可以就上面的一些問題逐項進行探討。這是您的那份。」

客戶們喜歡銷售人員的這種方式。因為這樣做表明了你懂得珍惜客戶的時間，而且對於這次會面你預先進行了準備。然後你就依照這個排程，逐一拿出你的問題對客戶進行詢問，並且在此期間你所產生的新的疑問也可以隨時提出。如果這個辦法得到正確實施的話，那麼這就會對於達到你在客戶心中的理想定位 —— 做一名真正的專家和真正的諮詢顧問，而非一名銷售人員，有著極大地幫助。

3　拜訪後的分析

為成功實現銷售與協力廠商會面的準備是：拜訪後的分析。對潛在客戶進行拜訪後，立即拿出一些時間來回憶剛剛結束的這段談話中的每一個資訊，並將它們記錄下來。在這方面不要過於相信你的記憶力，也不要等到一天的工作全部結束後再去回想與客戶談話的情況。將你所能夠回憶起來的每件事情都寫在紙上。早晚你會發現，這樣的紀錄對於你將一位潛在客戶發展成真正的客戶會有多大的幫助。

之後，當你再次拜訪這位客戶之前，花幾分鐘的時間回顧一下你所有的紀錄。我把這看作是「將你思維的枕頭拍打鬆軟」。一旦你這樣做了，你就會思維敏捷，對於這個客戶和他當前的狀況胸有成竹。

客戶總是對上門拜訪的真正專業的銷售人員印象深刻，因為這些銷售人員對於他們和客戶的上一次談話的內容記得清清楚楚 —— 他們顯然是在拜訪結束後做了認真的總結。

你是否願意去做精心準備，以及你是否有能力進行精心的準備，這對

於你能否取得成功顯得至關重要。我們的原則是：只要存在疑問，那麼一定要進行多加準備！你一定不會對你為拜訪客戶所做的大量前期準備而後悔。你在準備上付出的努力往往會是拿到那單生意的關鍵因素。

盡量吸引顧客的注意力

銷售業務員能否在最短的時間內，吸引客戶的注意力，是行銷成功與否的關鍵環節。客戶的注意力被吸引了，才可能對產品產生興趣，從而引發購買的欲望。誰能吸引客戶更多的注意，誰就擁有更多的商機。

銷售業務員拜訪客戶時，客戶可能會抱著敷衍了事的心理，聽聽銷售業務員說些什麼，因而客戶的注意力極為分散。這時，銷售業務員如果能用簡明的語言，盡快把客戶的注意力集中到自己的話題上來，接近客戶的工作會順利進行下去。否則，客戶就會下逐客令，使銷售業務員的工作前功盡棄。

銷售業務員要引起客戶的注意，關鍵是自己的話題要適合客戶的要求。客戶的要求因各人的興趣、愛好而各不相同。客戶的注意也存在著有意注意和無意注意的差別。只有掌握了這些不同特點，才能用有針對性的話題吸引客戶的注意力。

以下是優秀的銷售業務員常用的幾種吸引客戶注意的技巧。

1 說好第一句話

為了吸引客戶的注意力，在面對面的銷售工作中，說好第一句話是很重要的。它的重要性不亞於有吸引力的宣傳廣告。客戶在聽第一句話的時候比聽第二句話和下面的一些話時認真得多。說完第一句話以後，許多客戶不管是有意還是無意，就會馬上決定是盡快把銷售業務員打發出去還是

繼續談下去。假如你不能馬上引起客戶的興趣，那麼之後的談話往往會喪失機會。

　　開始即抓住客戶注意力的一個簡單辦法是去掉空泛的言辭和多餘的寒暄。為了防止客戶分心或考慮其他問題，在開場白上多動些腦筋，開始幾句話必須是十分重要而非講不可的，表述時必須生動有力，句子簡練，聲調略高，語速適中。開場白使客戶了解自己的利益所在，是吸引對方注意力的一個有效的思路。

　　應該認真檢查和核對一下銷售談話的開頭。在有些情況下，只要把第一句話省略就可以改進你的談話，因為第一句話往往是廢話。要避免使用一些毫無意義的詞語，比如：「我來是為了……」，「我只是想知道……」，「我來只是告訴您……」，「我到這裡來的目的是……」，「很抱歉，打擾您了，但……」，「我正巧路過……」等等。要時刻牢記開頭幾句話必須是非常重要的。為了防止客戶分心或考慮其他問題，開頭幾句話必須生動有力，不能拖泥帶水，也不要支支吾吾。只有這樣，業務洽談才能繼續開展下去，同時也為客戶購買你的產品打下了良好的基礎。

2　巧妙地提問方式

　　在和客戶洽談時問這樣一些問題是十分不明智的，如：「你願意跟我談談簡化你們簿記工作的可能性嗎？」或問：「我想知道你們是否還有足夠的毛線？」我們經常會聽到這樣的問題：「我能使你對改變辦公室的布局和裝潢發生興趣嗎？比如較好的照明設備。」諸如此類的問題，不應該向客戶提問，而應該首先向自己提出這個問題。只有在洽談一開始提出一個使客戶感到驚訝的問題才會迫使客戶對提出的問題加以考慮。這是引起客戶興趣的最可靠的一種方法。當然，這並不一定是最策略的。在銷售

業務員再次拜訪客戶時，可以使用此種方法。因為客戶腦子裡總在想：「啊，他又來了，又是老一套。」這樣一來，客戶就會對銷售業務員產生反感。為此，銷售業務員必須善於適應新情況，隨機應變，最終使客戶圍繞在你的周圍，在事實面前認輸。這時他就會說：「啊！真沒想到他還有新鮮玩意。」

一些好的開頭語有：「您已經……」、「您是否……」、「願不願意……」、「您想……」在業務洽談開始時，應該談論客戶感興趣的問題。

假如客戶想告訴你他現在不需要你銷售的產品，並計畫在以後適當的時候再與你談論這個問題，你可以這樣回答：「我只想給你提供一些情況，讓你有個大致的了解。當你使用這些設備時，就可以為你節省很多開支。」或者說：「這是為你提供的一些資料，你可把這些資料存檔。需要時再行查閱。」在業務洽淡開始時，不要隨意反駁客戶的反對意見，也不要對客戶提出的問題應付、搪塞，這一點是非常重要的。

你的方法和目標可以與別人不同。由於有這種不同才能引起客戶的注意。不要仿效他人，特別是不應該仿效你的競爭對手。相反，你要盡量和他們保持一定的距離。倘若某一產品的所有銷售業務員都漸漸地採用同一特殊做法，那麼，不管這種做法多麼新穎，也會逐漸失去其效果。所以，你的目標就是必須開創一條新路。

銷售業務員與其他人的不同應該表現在三個方面：與別人不同，與你過去不同，與客戶期望的不同。在制定業務洽談計畫時，要充分考慮提問式方法的優點。問題提得好可以使客戶驚嘆不已，並引起他的注意。而且這種提問式方法也會促使客戶做出回答，導致會談順利開展。同時，也是雙方交換意見的開端。

3　引用旁證引起對方的興趣

在喚起注意方面，銷售業務員廣泛引用旁證往往能獲得很好的效果。一家著名的保險公司的經紀人常常在自己的老客戶中挑選一些合作者，一旦確定了銷售對象，公司徵得該對象的好友某某先生的同意，上門訪問時他會這樣對客戶說：「某某先生經常在我面前提到你！」對方肯定想知道到底說了些什麼，這樣雙方便有了進一步商討洽談的機會。

引用旁證時，銷售業務員還可以引用一些社會新聞。談論旁證資料和社會新聞，首先應以新見長，最新消息，最新商品，最新式樣，最新熱門，都具有吸引注意的能力。

4　避免分散注意力

有些時候，電話、祕書等外部因素可能會分散客戶的注意力，使他不能集中全部精力和銷售業務員開展正常的業務洽談。在這種情況下，你可以巧妙用問話支開眾人，如：「上官先生，我不知道你正在忙著呢。」另一方面，如果客戶讓其他人參加洽談，你應該把他們看作是洽談的正式成員，並且對他們表示尊重。你主動作自我介紹，客戶就會把其他人介紹給你，或者其他人自己前來主動向你介紹。有時候，客戶也會讓某個人或某幾個人參加洽談，目的是讓旁人在場作證，或者是客戶有意要造成一種人多勢眾的場面。

5　應付干擾

受到干擾以後，最好向客戶提一個檢查性質的問題，目的是為了檢查一下是否客戶已忘記了洽談的銜接處。例如：當洽談受到干擾以後，一個機器產品銷售業務員直率地問客戶：「哎，我們剛才談到什麼地方了？」

這樣可以促使客戶做出某種反應。如果你發現客戶三心二意，在這種情況下應該抑制自己的感情，不要大喊大叫，說話嗓音要柔和、適中。在你講話，特別是講到一半的時候，要適當停頓一下，但這種停頓最好短促、突然，因為停頓得越突然，效果往往越好。

6 保持目光接觸

在說話時，銷售業務員的雙眼要注視客戶的眼睛。這是使客戶的注意力集中的一種好方法。這樣做也可以迫使對方精力集中。沒有這種目光的接觸，你的銷售談話再生動活潑、委婉動聽，也不會引起客戶的注意。

永遠都記住客戶的名字

當你向別人遞出名片時，出於禮貌，對方也會給你他的名片。當你接到別人的名片時，千萬不要草草一看了事，而應該對著對方的臉孔，記下他的名字。這樣有助於在下一次見面時能夠順利叫出他的名字，從而給對方一份親切感。

很多人常常忘記別人的名字，可是如果有誰因為不把自己放在眼裡而記不住自己的名字，我們就感到不痛快。

記住別人的名字是件非常重要的事情，忘記別人的名字簡直是不能容忍的無禮。尤其是對於你來說，記住別人是至關重要的，能夠熱情地叫出對方的名字，從某種程度現了對他的重視和尊重，好感就由此產生。

準確無誤地叫出每一位客戶的名字，會讓這個人感覺自己很重要，感覺有人在乎他，使他覺得自己很了不起。

如果你能讓某人覺得自己很了不起，他就會滿足你的所有需求。

如果你還沒有學會這一點，那麼從現在開始，留心記住別人的名字和

臉孔吧！用眼睛認真看，用心去記，不要胡思亂想。

熟人見面時最好叫出對方的名字。大家都願意別人叫自己的名字。所以，你不用管他是做什麼的，和你的關係是否親密，儘管自自然然地叫出他的名字。

身為推銷員，你不僅要記下客戶的姓名和電話號碼，還得記住那些祕書和接待員的姓名以及其他相關人員的姓名。每次談話時，如果你能叫出他們的名字，他們便會高興異常。這些人樂意幫助你，會常常給你帶來很多方便。

吉姆沒有上過中學，可是到 46 歲時已有四個大學贈予他榮譽學位。他當選為民主黨全國委員會主席，擔任過美國郵務總長。

有一次，有記者去採訪吉姆先生，向他請教成功的祕訣。他簡短地告訴記者：「苦幹。」很顯然，記者對這個回答很不滿意，就再次請教。吉姆就讓記者分析他成功的原因，記者說他知道吉姆能叫出一萬個人的名字來。

吉姆對此進行了糾正，他說他大約可以叫出五萬個人的名字。

別對這個感到驚奇，正是他的這種能力幫助了羅斯福入主白宮。

吉姆在一家公司做推銷員的那些年中，他還擔任了洛克雷村的，他練就了一種記憶別人姓名的方法。

最初，這套方法很簡單。他每遇到一個新朋友時，就問清楚對方的姓名，家有幾口人，做什麼和對當前政治的見解。他問清楚這些後，就牢牢地記在心裡。下次再遇到這人時，即使已相隔了很長時間，還能拍拍那人的肩膀，問候他家裡的妻子兒女，甚至於還可以談談那人家裡後院的花草。

羅斯福開始競選總統前的幾個月中，吉姆一天要寫數百封信，分發給美國西部、西北部各州的熟人、朋友。爾後，他乘上火車，在十九天的旅

途中，走遍美國二十個州，經過一萬兩千里的行程。他除了火車外，還用其他交通工具，像輕便馬車、汽車、輪船等。吉姆每到一個城鎮，都去找熟人做一次非常誠懇地談話，接著再趕往他下一段的行程。當他回到東部時，立即給在各城鎮的朋友每人一封信，請他們把曾經談過話的客人名單寄來給他。那些不計其數的名單上的人，他們都得到吉姆親密而極禮貌的復函。

原來吉姆早就發現，人們一般都會對自己的姓名感興趣。把一個人的姓名記住，很自然地叫出口來，你便對他含有微妙的恭維、讚賞的意味。假如把別人的姓名忘記或是叫錯了，不但使對方難堪，而且對你自己也是一種很大的尷尬。

姓名本來只是個體人的符號，但它卻蘊含了一個人尊嚴、地位和榮譽，尊重一個人莫過於尊重他的名字，當人們的名字被遺忘，被搞混，無論你是有意無意，都會帶來不良影響。輕者讓人反感，重則損害彼此感情。

從某種意義上來說，記姓名是一種廉價而又有效的感情投資。記住他人的姓名就等於把一份友誼深藏在心裡，記憶時間越久，情誼就越深，如同一瓶陳年好酒，越放就越醇。在與人來往時一定要記住對方的姓名，對方必定從中體驗到你的深情厚誼，感受到他在你心目中的位置，進而增加親切感、認同感，加深彼此的感情。那麼怎樣才能牢牢記住別人的名字呢？這裡有三條建議大家不妨試一下：

1 要用心記他人的名字

有的人博聞強記，過目不忘，見一次就可以記住。這自然是最好。但是，大多數人沒有這樣的能力。所以，用心記名字就成了必要。我們應善於交際，看重友誼。一般情況下，珍視友誼的人在記名字上就會表現出特

別強的注意力。在一般記憶力基礎上，注意力越集中，重視程度越高，就會記得越牢。甚至記憶力較差的人由於重視友誼，對於和他打過交道的人的姓名會特別用心去記，同樣能記得十分清晰，多年不忘。

2　經常翻翻他人的名片

對於記憶力不太好的人來說，不但要用心去記而且還應動動筆。這裡用得著一句名言：「好記性不如做筆記。」不管老朋友還是新朋友，在打過交道之後都應把姓名記在小本子上，或者保存好對方的名片。有時間就要翻一翻，藉此回憶往事，加深印象，這樣就可以獲得名字與友誼長久記憶的效果。

3　忘了名字要想法補救

如果在路上遇到朋友，一時半會想不起人家的名字，那就應想辦法搞清楚，記在心裡。有一次，王明傑與一位多年不見的戰友見面了，一時竟想不起他的姓名。分手時，王明傑主動拿出紙來把自己的名字、電話、通信地址寫下來，然後把筆交給他，說：「來，讓我們相互留下自己的通信，今後多多連繫。」對方也記下了他的名字、住址、電話。此後，對方名字就鐫刻在他的頭腦中，再也不曾忘記。

能夠記住結識的所有人的名字，是一種很重要的人際社交能力。擁有了它，你就可以塑造出平易近人的個人魅力，吸引許許多多的朋友。

▍再訪客戶的二十種藉口

許多推銷員為了追求業績的成長，會鎖定幾個自己認為非常有可能成交的準客戶，並運用各種方法去接近他們，了解客戶的基本資料和他們對

商品的需求偏好，據此整理出商品的特色和優點，以激發客戶購買的意願，並達到自己的銷售目的。

在交易過程的四個階段（接近、說明、成交、服務）裡，接近客戶是完成目標的基礎工作，只有經過獲得認同與信賴的接觸後，才能完成整個交易。然而，許多推銷員在好不容易得到拜訪客戶的機會後，卻沒有再接再厲、繼續再訪的行動，以引起客戶購買的欲望。這樣，一旦時間拖得太久，客戶的需求意念降低，就算產品十分優良，想要再得到客戶的認同也是非常困難的。所以，再訪技巧尤其是再訪藉口是推銷最需要了解與掌握的。

想要更有效率地達到推銷的目的，再訪客戶的藉口就非得好好研究不可。以下有二十個不同的再訪藉口，如果能好好加以運用，一定可以增加許多再訪的機會，提升推銷成績。

- ▶ **初訪時不留名片，以此作為下次拜訪的藉口**：一般的推銷員總是在見面時馬上遞出名片給客戶，這是非常傳統的銷售方式，但是卻難免流於形式，偶爾也可以試試反其道而行的方法，不給名片，反而有令人意想不到的結果。

- ▶ **故意忘記向客戶索取名片**：這也是一種不錯的方法，因為客戶通常不想把名片給不認識的推銷員，尤其是不認識的推銷新手，所以客戶借名片已用完或還沒有印好為由，而不給名片。此時不需強求，反而可以順水推舟故意忘記這件事，並將客戶這種排斥現象當作是客戶給你的一次再訪機會。

- ▶ **印製兩種以上不同式樣或是不同職稱的名片**：倘若有不同的名片就可以借更換名片或升遷為理由再度登門造訪，但要特別注意的是，避免拿同一種名片給客戶，以免穿幫，最好在客戶管理資料中註明使用過

哪一種名片或是利用拜訪的日期來分辨。

▶ **在拜訪時故意不留下任何宣傳資料**：當客戶不太能夠接受但又不好意思拒絕時，通常會要求推銷員留下資料，等他看完以後再聯絡。這時候有經驗的推銷員絕對不會上當，因為這只是一種客戶下逐客令的藉口，資料給了之後很可能不用多久就被丟到垃圾桶，所以就算客戶主動提出要求也要婉轉的推辭，但要在離開之前告知下次再訪時補送過來。假如忘了留下再訪的藉口，也可以利用其他名目，例如資料重新修訂印製完成後再送來給您參考，或是客戶索取太踴躍，所以公司一再重印，等我一拿到就送來。

▶ **親自送達另外一份資料**：這份資料必須是客戶未曾見過的，專業的推銷員應該有好幾份不同的宣傳資料，才可以針對不同的客戶需求提供不同的資料。

▶ **當一位資料搜集員**：倘若發現報紙或雜誌或網路上刊登著與商品相關的消息或統計資料，並足以引起客戶興趣時，都可以立即帶給客戶看看，或是請教看法。

▶ **將資料留給客戶參考**：推銷員在離開前必須先說明資料的重要性，並約定下一次見面的時候取回，若客戶不想留下也無妨，放下就走，客戶就算不看也不太會把重要資料丟棄。切記，約定下一次見面的間隔時間不可太長，否則可能連你也會忘記有這麼一件事。

▶ **藉口路過此地，特別登門造訪**：說明自己恰巧在附近找朋友或是拜訪客戶，甚至是剛完成一筆交易即可，但千萬不可說順道過來拜訪，這點是要特別注意的，以免讓客戶覺得自己不被尊重。同時還要注意，不需要刻意解釋來訪的藉口，以免越描越黑，自找麻煩。

▶ **找一個自己精通的問題請教他**：這不是要考倒客戶，而是要了解客戶

的專業知識，所以千萬不要找太難的問題，最好是能夠給予客戶發表空間的「議論題」為佳。

▶ **陪同新同事或直屬主管連袂拜訪**：透過第三者的造訪會給客戶帶來壓力，尤其是你的主管陪同前往時，更能提升說服力。因為主管協助推銷員開拓業績，會使交易達成的可能性大大提升。

▶ **逢年過節送上一份小禮物**：這是接觸客戶最佳的時機和最佳的運作方式。當然，禮物的大小要自己衡量，非常有希望成交的客戶才能送較重的禮，否則可能賠了夫人又折兵，這是需要先判斷清楚的。

▶ **借提供公司發行刊物的機會**：運用免費贈予客戶公司刊物的機會，作為再訪的藉口也是十分恰當的。例如：某些公司會出一些月刊、週刊、日刊或市場消息，過年時送月曆、日曆等資料。

▶ **擬定新的計畫以供客戶所需**：推銷的商品可以搭配成許多不同的組合，有人稱之為「套裝」商品，不同的組合與搭配會有不同的效用，可以藉此向客戶請教某些問題，詢問他有何觀點或建議。

▶ **以生日做為開場白是一種很溫馨的藉口**：如果能適時記住客戶或其家人的生日，到時候再去找客戶並送上一張生日賀卡或鮮花，也不失為有效打動客戶的方法。

▶ **舉行說明會、講座，並特地親自邀請**：如果可以提供最新商品的資訊說明會，加強客戶對商品的了解，或是提供免費的獎品，相信會吸引很多人前來參加。推銷員在送給客戶邀請卡時，可以稍微解說講座的內容，並在臨告辭前請其務必光臨指導。

▶ **運用客戶問卷調查表**：設計幾份不同的問卷調查表帶去請客戶填寫，問卷的內容主要在於了解客戶對於推銷商品的接受程度與觀念，或是對於商品喜好的程度。

▶ **在市場突然公布消息時給予第一手資料**：利用市場發布重大消息的機會，提供市場人士或是自己的看法給客戶參考，使客戶有備感尊榮的感覺，從而拉進彼此的距離。

▶ **提供相關行業的資料給客戶參考**：「知己知彼，百戰不殆。」搜集相關行業的動態資訊作為參考，不但可以成為自己商品改良的依據，同時也可以舉例說明別人成功的經驗。

▶ **採用特別優惠辦法或特賣方式**：以利益吸引客戶接受商品價格，從而引發購買商品的欲望。例如某些商品在特賣促銷時，經常會用「買一送一」、「買 1,000 送折價券」的策略；又例如信用卡公司推出消費送積分以換取贈品的方式，都是能夠引發客戶購買欲望的方法。

▶ **不用找藉口，直接拜訪**：與其費盡心思為自己的行動找理由而躊躇不前，不如直截了當地登門拜訪更加有效。雖然非常唐突並且可能碰壁，但也不失為訓練自己能力與膽量的機會。

　　總而言之，如何找尋再訪客戶的藉口，用一句俗話來形容，那就是「戲法人人會變，只是巧妙不同」。在推銷過程中，推銷方法可以說是變化無窮，沒有一定的模式或是定規，只要稍微用心，相信任何人都可以創造出許多獨具創意的推銷模式，而關鍵僅在於如何掌握現實生活中人與人之間複雜的人際關係。適當地運用再訪技巧，並不是虛偽矯情的行為，這是現代社會競爭所必需的。傳統的推銷技巧已失效，新一代的業績創造者必須要有新的理念與新的技巧，才能在複雜多變的市場中占有一席之地，因此了解與掌握各種不同的再訪藉口，這對於提升自己的銷售業績是非常有利的。

讓客戶把你當成自己人

在拜訪客戶時，如果能讓客戶感到我們是「自己人」，那麼我們與客戶談到一起的概率就非常高，彼此融洽的速度就快。這是因為人與人之間相處時，喜歡找出彼此的「共同點」，人們總是更願意與自己具有相似之處的人來往，這種相似可以是個人嗜好、性格特徵、生活習慣、穿著談吐、經歷見聞等等。總之，相似點越多，彼此之間的親和力就越強，就越能接納和欣賞對方，也就越容易溝通。所謂的「物以類聚，人以群分」就是這個道理。

有一個人參加競選活動，他的助選員發現，一般選民認為他是一位屬於高層社會的人，與自己毫不相干，所以對他的參選表現出冷漠的態度，於是他們便把宣傳的重心轉向他是四個孩子的好爸爸。選民知道這位被選舉人有四個孩子，而且又是一位稱職的父親之後，對他產生了親切感，這位人士最後獲得高票當選了。

銷售也是同樣的道理，所以銷售員在拜訪客戶時應該首先建立彼此的共鳴，不要直陳主題。講產品那是我們的專長，而不是客戶所了解的領域。所以，我們講的越多客戶越反感，信賴感就越不容易建立。有時客戶還會反問我們：「是你的產品好還是你們對手的產品好？」在這時候，我們怎麼回答都不對，說自己的好，客戶肯定說我們自賣自誇，不可信。我們說我們不了解對手的情況，那他就會說我們連同行都不了解，不夠專業。因此，在進入主題之前，盡量先談一些無關的話題，例如：彼此的經驗、嗜好或家庭，讓雙方多了解一下，發現彼此的共同點。這樣，我們才能找到與客戶的共同話題，從而打開談話的局面。

一位銷售員到一家公司去銷售影印機，費了好大的工夫才見到經理，經理愛理不理地答道：「我暫時不需要影印機，謝謝你。」說完就埋著頭

擺弄著手裡的魚竿。

　　這位銷售員看到經理專心擺弄魚竿的樣子，猜到他一定很喜歡釣魚，於是他說道：「馬總，這是富士竿吧？」

　　「唔，是啊，我新買的，怎麼，你也懂釣魚？」

　　「啊，釣過。」

　　「哎，釣魚有學問，不是誰都能掌握的，你說說看，釣魚有哪些技巧？」

　　兩人越談越投機，經理好像遇到了知音，十分開心。這位銷售員也在雙方融洽、愉快的交談中促成了生意。

　　銷售員只要發現與客戶有共同的興趣和愛好，找到共同的話題就能夠和客戶談得來了，甚至可以很快地成為朋友，這樣就不愁做不成生意了。

　　一名壽險銷售員要把保險銷售給大學教授李先生，他是一位很有威望的動物學專家。當走進王先生的辦公室後他才發現，張先生是一位「頑固」的先生。

　　王先生對自己以前的保險代理人不滿意，認為他沒有向自己提供較為完善的保險計畫。

　　見面後，王先生細緻地介紹了他目前的保險安排和為了適應環境變化所作的調整計畫。並問了很多技術性問題。銷售員覺得，王先生問這些問題的目的並非是想知道答案，而是考察他的知識。於是這位銷售員屢次想要把他們的談話引入正題，王先生根本不給他這個機會。

　　銷售員覺得自己是在浪費時間，對這次會面不抱什麼希望了，於是他準備告退。這時王先生接了一個電話，無意中銷售員聽到他下學期要開一門關於無尾熊的課程。在電話結束後，他便和張先生談起了這種澳洲的小動物。

「你知道無尾熊？」王先生的表情讓銷售員感到兩個人之間的距離一下子拉近了。

「這確實是一種很可愛的小動物。以前我看過有關的報導，並非常喜歡牠們。」銷售員實事求是地回答。

於是，銷售員便開始向王先生詢問無尾熊的問題，這時，王先生的態度徹底改變了，他不再提問，而是對銷售員關於無尾熊的提問給予詳細的回答，二人越談越開心。

那天，銷售員除了從王先生那裡知道了許多有關無尾熊的專業知識外，更重要的是還收穫了一張保單。

在這個案例中，銷售員在銷售即將結束的時候發現他和客戶的共同愛好——無尾熊，於是，開始把話題從保險轉移到客戶擅長的動物學領域，這樣雙方一問一答，討論得非常投機，交談氛圍變得融洽起來，王先生對銷售員的信賴感也就隨之產生。這樣，成交也就不再是什麼難事了。可以說，銷售員的這張保單是無尾熊帶給他的。

總之，我們在拜訪之前要多了解一些客戶的興趣、愛好，在拜訪時不要急於銷售產品，要多談一些彼此共同的話題，從而成功化解客戶的排斥感。

第 11 章
掌握火候，讓談判走向雙贏

談判在某種程度上決定著銷售的成敗。一個優秀的銷售員一定要了解你的談判對手，一定要知道哪些話應該說哪些話不應該說，一定要懂得在合適的時候打破談話的僵局從而取得雙贏的結果。當你真正成為了一個談判高手時，你就會取得輝煌的銷售業績。

知己更要知彼，了解你的談判對手

根據心理的不同，有關專家將對手分為 14 種類型。在與這 14 種類型的對手進行談判時，你必須清楚地了解他們的心理特徵，據此採取不同的對策。要極力避免觸犯對手心中的禁忌，不要傷害他們的感情。這 14 種對手分別是：

▶ **以自我為中心的對手**

這種對手的心理表現為：你的嗜好和我不一樣。這種對手想獲得優越感，並且努力尋求自我滿足。倘若他對你沒有好感，就會強烈地產生出「差別」的感情。

和這種對手洽談的禁忌：不尊重他，傷害他的自尊心，輕易深入他的內心世界。

▶ **倔強固執的對手**

這種對手的心理表現為：無論如何也要固執到底，拘泥於形式，很想多聽聽別人的意見。

和這類對手洽談的禁忌：毫不顧忌地駁斥他的觀點，企圖壓服他；缺乏耐心。

▶ **猶豫不決的對手**

這種對手的心理表現為：希望一切由自己做主決定，不讓對方看透自己。

和這類對手洽談的禁忌：企圖說服他，強迫他接受你的觀點；在心理上和身體上過度地接近他。

▶ **言行不一的對手**

這種對手的心理表現為：不想樹敵，言行不一致。

和這類對手洽談的禁忌：輕信他們的熱心，缺乏熱情。

▶ **風雲突變的對手**

這類對手的心理表現為：任性。

和這類對手洽談的禁忌：不了解他的生活規律，不善於察言觀色，抓不住出手的機會。

▶ **不願見面的對手**

這種對手的心理表現為：不想和談判人員有任何瓜葛，因為不買，所以沒必要見面。

和這類對手洽談的禁忌：態度生硬或過度熱情，沒有足夠的信心。

▶ **感情脆弱的對手**

這種對手的心理表現為：自尊心強，事情確信不多，認為一切都是自己好。

和這類對手洽談的禁忌：不維護其自尊心，不聽他的談話，使用易引起誤會的詞語，忽視他的地位。

▶ **胡侃瞎扯的對手**

這類對手的心理表現為：不喋喋不休就無法能心安理得，因把對方駁倒而愉快。

和這類對手洽談的禁忌：對對手說的話表現出不耐煩甚至因厭煩而開溜。

▶ **不懂裝懂的對手**

這種對手的心理表現為：雖然不曉得自己是否真的什麼都知道，卻要裝出一副無所不知的樣子。

和這類對手洽談的禁忌：有問必答，用道理和他辯論，一較高低。

▶ **沉默寡言的對手**

這類對手的心理表現為：「不好應付」主觀意識很強，想用態度來表示想法。

和這類對手洽談的禁忌：不善察言觀色，以寡言對沉默。

▶ **初來乍到的對手**

這類對手的心理表現為：沒自信，想逃避，希望給予照顧。

和這類對手洽談的禁忌：強與之接觸，因對手的態度而畏懼。

▶ 似懂非懂的對手

這種對手的心理表現為：討厭麻煩的事，自信，不願拘泥。

和這類對手洽談的禁忌：對產品不詳細解說，急於求成。

▶ **容易衝動的對手**

這種對手的心理表現為：好奇心強，易激動，熱的快也冷的快。

和這種對手洽談的禁忌：抓不住他的興趣，打持久戰，喪失成效機會。

▶ **編造謊言的對手**

這種對手的心理表現為：不希望別人識破自己的本意，非常注意保護自己；不想對第三者吐露真意，因為他們害怕暴露心事會被對方看穿。

和這類對手洽談的禁忌：刺激他的心靈，打破他的心裡平衡，不尊重他的立場，甚至譴責他。

談判中拒絕的技巧

在談判過程中，當你不同意對方觀點的時候，一般不應直接用「不」這個具有強烈的對抗色彩的字眼，更不能威脅和辱罵對方，應該盡量把否定性的陳述用肯定的形式表示出來。

例如：當對方在某件事情上情緒不好，措辭激烈的時候，你應該怎麼辦呢？一個老練的談判者在這時候會說一句對方完全料想不到的話：「我完全理解你的感情。」這句話巧妙之處在於，婉轉地表達了一個資訊：不贊成這麼做。但使對方聽了心悅誠服，並產生好感。

喜劇大師卓別林曾經說過：「學會說『不』吧，那樣你的生活將會好得多。」身為談判者，尤其要學會拒絕，才能贏得真正的交流、理解和尊敬。

1 問題法

所謂問題法，就是面對對方的過度要求，提出一連串的問題。這一連串的問題足以使對方明白你不是一個可以任人欺騙的笨蛋。無論對方回答或不回答這一連串的問題，也不論對方承認或不承認，都已經使他明白他提的要求太過分了。

運用問題法來對付上述這種只顧自己利益、不顧對方死活而提出過度要求的談判對手，確實是一副靈丹妙藥。

2 藉口法

現代企業不是孤立的，它們的生存與外界有千絲萬縷的連繫。在談判中也好，在企業的日常運轉中也好，有時會碰到一些無法滿足的要求。面對對方或者來頭很大；或者過去曾經有恩於你；或者是你非常要好的朋友、來往密切的親戚，如果你簡單地拒絕，那麼你的企業很有可能會遭到

報復性打擊，或者背上忘恩負義的惡名。對付這類對象，最好的辦法是用藉口法來拒絕他們。

3　補償法

所謂補償法，顧名思義是在拒絕對方的同時，給予某種補償。這種補償往往不是「現貨」，既不是可以兌現的金錢、貨物、某種利益等等，相反，可能是某種未來情況下的允諾，或者提供某種資訊（不必是經過核實的、絕對可靠的資訊）、某種服務（例如：產品的售後服務出現損壞或者事故的保險條款等等）。這樣，如果再加上一番並非己所不為而乃不能為的苦衷，就能在拒絕一個朋友的同時，繼續保持你和他的友誼。

例如：有一個時期，市場上鋼材需求較多。有個專門經營成批鋼材的公司生意非常興隆。一天，公司經理的好朋友來找他，說急需一噸鋼材，而且希望價格特別優惠，要求比市場上的批發價還低百分之十。公司經理由於過去的親密友誼而不好意思拒絕他，所以就巧妙地用補償法來對付這位朋友。

他對朋友說，本公司經營鋼材是以千噸為單位的，無法拆開一噸來給他。不過，總不能讓老朋友白跑一趟。所以他提議這位朋友去找一個專門經營小額鋼材的公司。這家小公司和他們有業務往來。他可以給這家小公司打招呼，以最優惠的價格賣給他一噸。這位朋友雖然遭到了拒絕，但因為得到了「補償」。所以拿著他寫的條子，高高興興地去找那家小公司，最後以批發價買了一噸鋼材。

4　條件法

赤裸裸地拒絕對方必然會惡化雙方的關係。不妨在拒絕對方前，先要求對方滿足你的條件；如對方能滿足，則你也可以滿足對方的要求；如對

方不能滿足，那你也無法滿足對方的要求。這就是條件拒絕法。

　　這種條件拒絕法往往被外國銀行的信貸人員用來拒絕向不合格的發放對象發放貸款。

　　這是一種留有餘地的拒絕。銀行方面的人絕不能說要求借貸的人「信譽不可靠」或「無還款能力」等等。那樣既不符合銀行的職業道德，也意味著斷了自己的財路，因為說不定銀行方面看走了眼，這些人將來飛黃騰達了呢？所以，銀行方面的人總是用條件法來拒絕不合格的發放對象。

　　拒絕了對方，又讓別人不朝你發火，這就是條件法的威力所在。

5 說不理由法

　　蘇聯外長安德烈·葛羅米柯（Andrei Gromyko）是精通談判之道的老手。他在對手準備了充足的理由時，或者無法在理論上與對手一爭高低時，或者不具備擺脫對方的條件時，他的看家本領是不說明任何理由，光說一個「不」字。

　　美國前國務卿萬斯早就領教過葛羅米柯的「不」戰術。1979 年，他在維也納和葛羅米柯談判時，出於好奇在談判中記錄了葛羅米柯說「不」的次數，一次談判下來竟然有 12 次之多。平心而論，葛羅米柯之所以歷經四位蘇聯領導人的變換而不倒，先後和九位美國總統談判而不敗，這種不說明理由的「不」戰術，是他眾多法寶中的重要法寶之一。

6 幽默法

　　在談判中，有時會遇到不好正面拒絕對方，或者對方堅決不肯要求或條件，你並不能直接加以拒絕，相反還會全盤接受。然後根據對方的要求或條件推出一些荒謬的、不現實的結論來，從而加以否定。這種拒絕法，往往能產生幽默的效果。

例如：有一個時期，蘇聯與挪威曾經就購買挪威鯡魚進行了長時間的談判。在談判中，深知貿易談判訣竅的挪威人，開價高得出奇。蘇聯的談判代表與挪威人進行了艱苦的討價還價，挪威人就是堅持不讓步。談判進行了一輪又一輪，代表換了一個又一個，還是沒有結果。

為了解決這個難題，蘇聯政府派亞歷山德拉‧米哈伊洛芙娜‧柯倫泰為全權貿易代表。柯倫泰面對挪威人報出的高價，針鋒相對地還了一個極低的價格，談判像以往一樣陷入僵局。挪威人並不在乎僵局。因為不管怎樣，蘇聯人要吃鯡魚，就得找他們買，是「姜太公釣魚，願者上鉤」。而柯倫泰是拖不起也讓不起，而且還非成功不可。情急之餘，柯倫泰使用了幽默法來拒絕挪威人。

她對挪威人說：「好吧！我同意你們提出的價格。如果我的政府不同意這個價格，我願意用我的薪資來支付差額。但是，這自然要分期付款。」堂堂的紳士能把女士逼到這種地步嗎？所以，在忍不住一笑之餘，就一致同意將鯡魚的價格降到一定標準。柯倫泰用幽默法完成了她的前任們歷盡千辛萬苦也未能完成的工作。

還有許多拒絕的技巧，不一一細述。而要掌握拒絕技巧，還必須注意以下兩點：

▶ 要明白拒絕本身是一種手段而不是目的。這就是說，談判的目的不是為了拒絕，而是為了獲利，或者為了避免損失，一句話，是為了談判成功。

這一點似乎誰都明白。其實不然。縱觀談判的歷史，尤其在激烈對抗的談判中，不少談判者被感情所支配，寧可拒絕也不願妥協、寧可失敗也不願成功的情況屢見不鮮。他們的目的也就僅僅是為了出一口氣。

▶ 有的談判者面對老朋友、老客戶時，該拒絕的地方不好意思拒絕，生怕對方面子下不來。其實，該拒絕的地方不拒絕，不是對方沒有面子，而是你馬上就可能沒有面子。因為你應該拒絕的地方，往往是你無法兌現的要求或條件。你不拒絕對方，又無法兌現，這不意味著你馬上就要失信於對方，馬上就要沒有面子了嗎？

談判桌上有些話是不能說的

說話，人人都會，但有些話在一些場合卻不該說，我們常常看到在銷售中因一句話而毀了一筆業務的現象，推銷員如果能避免失言，業務肯定百尺竿頭。為此，一個出色的業務員不應該說下面九種話：

1 不說批評性話語

這是許多業務人員的通病，尤其是業務新人，有時講話不經過大腦，脫口而出傷了別人，自己還不覺得。常見的例子，見了客戶第一句話便說，「你家這樓真難爬！」「這件衣服不好看，一點都不適合你。」「這個茶真難喝。」「你這張名片真老土！」這些脫口而出的話語裡包含批評，雖然我們是無心去批評指責，只是想打一個圓場、有一個開場白，可是客戶聽起來就感覺有點不舒服。

人們常說，「好話一句作牛做馬都願意」，也就是說，人人都希望得到對方的肯定，人人都喜歡聽好話。不然，怎麼會有「讚美與鼓勵讓白痴變天才，批評與抱怨讓天才變白痴」，這一句話呢，在這個世界上，又有誰願意受人批評？業務人員從事推銷，每天都是與人打交道，讚美性話語應多說，但也要注意適量，否則，讓人有種虛偽造作、缺乏真誠之感。

221

2　杜絕主觀性的議題

在商言商，與你推銷沒有什麼關係的話題，你最好不要去議論，比如政治、宗教等涉及主觀意識，無論你說是對是錯，這對於你的推銷都沒有任何實質意義。

一些新人，涉及銷售行業時間不長，經驗不足，在與客戶的來往過程中，難免無法有主控客戶話題的能力，往往是跟隨客戶一起去議論一些主觀性的議題，最後意見便產生分歧，有的儘管在某些問題上爭得面紅脖子粗，而取得「占上風」的優勢，但爭完之後，一筆業務就這麼告吹，想想對這種主觀性的議題爭論，又有什麼意義可言？然而，有經驗的老推銷員，在處理這類主觀性的議題時，起先會隨著客戶的觀點，一起展開一些議論，但爭論中會適時將話題引向推銷的產品上來。總之，與銷售無關的東西，應全部放下，特別是主觀性的議題，身為推銷人員應盡量杜絕，最好是做到避口不談，對你的銷售會有好處的。

3　少用專業性術語

劉先生從事壽險時間不足兩個月，一上陣就一股腦地向客戶炫耀自己是保險業的專家，電話中一大堆專業術語塞向客戶，每個客戶聽了都感到壓力很大。當與客戶見面後，劉先生又是接二連三地大力發揮自己的專業，什麼「豁免保費」、「費率」、「債權」、「債權受益人」等等一大堆專業術語，讓客戶彷彿墜入迷惑不解中，似乎在黑暗裡摸索，對方反感心態由此產生，拒絕是順理成章的了，劉先生便在不知不覺中，誤了促成銷售的商機。我們仔細分析一下，就會發覺，業務員把客戶當作是同仁在訓練他們，滿口都是專業，讓人怎麼能夠接受呢？既然聽不懂，還談何購買

產品呢？如果你能把這些術語，用簡單的話語來進行轉換，讓人聽後明明白白，才有效達到溝通目的，產品銷售也才會達到沒有阻礙。

4 不說誇大不實之詞

不要誇大產品的功能！這一不實的行為，客戶在日後的享用產品中，終究會清楚你所說的話是真是假。不能因為要達到一時的銷售業績，你就要誇大產品的功能和價值，這勢必會埋下一顆「定時炸彈」，一旦產生糾紛，後果將不堪設想。

任何一個產品，都存在著好的一面，以及不足的一面，身為推銷員理應站在客觀的角度，清晰地與客戶分析產品的優與劣，幫助客戶「貨比三家」，唯有知己知彼、熟知市場狀況，才能讓客戶心服口服地接受你的產品。提醒銷售人員，任何的欺騙和誇大其辭的謊言是銷售的天敵，它會致使你的事業無法長久。

5 禁用攻擊性話語

我們可以經常看到這樣的場面，行業裡的業務人員帶有攻擊性色彩的話語，攻擊競爭對手，甚至有的人把對方說得一錢不值，致使整個行業形象在人心目中不理想。我們多數的推銷員在說出這些攻擊性話題時，缺乏理性思考，卻不知無論是對人、對事、對物的攻擊詞句，都會讓客戶感到反感，因為你說的時候是站在一個角度看問題，不見得每一個人都是與你站在同一個角度，你表現得太過於主觀，反而會適得其反，對你的銷售也只能是有害無益。這種不講商業道德的行為，相信隨著時代的發展，各個公司企業文化的加強，攻擊性色彩的話語，絕不可能會大行其道的。

6　避談隱私問題

與客戶打交道，主要是要了解對方的需求，而不是一張口就大談特談隱私問題，這也是推銷員經常犯的錯誤。有些推銷員會說，我談的都是自己的隱私問題，這有什麼關係？就算你只談自己的隱私問題，不去談論別人，試問你推心置腹地把你的婚姻、私生活、財務等情況和盤托出，能對你的銷售產生實質性的進展嗎？也許你還會說，我們與客戶不談這些，直插主題談業務難以開展，談談無妨，其實，這種「八卦式」的談論是毫無意義的，浪費時間不說，更浪費你的推銷商機。

7　少問質疑性話題

業務過程中，你很擔心準客戶聽不懂你所說的一切，而不斷地以擔心對方不理解你的意思質疑對方，「你懂嗎？」「你知道嗎？」「你明白我的意思嗎？」「這麼簡單的問題，你了解嗎？」似乎一種長者或老師的口吻質疑這些讓人反感的話題。眾所周知，從銷售心理學來講，一直質疑客戶的理解力，客戶會對此感到不滿，這種方式往往讓客戶感覺得不到基本的尊重，反向心理也會隨之產生，可以說是銷售中的一大忌。

如果你實在擔心客戶不是很明白你的意思，你還可以用試探的口吻了解對方，「有沒有需要我再詳細說明的地方？」也許這樣會較讓人接受。說不定，客戶真的不明白時，他也會主動地對你說，或是要求你再說明之。在此，給推銷員一個忠告，客戶往往比我們聰明，不要用我們的盲點去隨意取代他們的優點。

8　變通枯燥性話題

在銷售中有些枯燥性的話題，也許你不得不去講解給客戶聽，但這些話人人都不喜歡聽，甚至是一聽就只想打瞌睡。但是，出於業務需要，建

議你還是將這類話語，講得簡單一些，可用概括起來一筆帶過。這樣，客戶聽了才不會產生倦意，讓你的銷售達到有效性。如果有些相當重要的話語，非要跟你的客戶講清楚，那麼，我建議你想盡一切辦法硬塞給他們，在你講解的過程中，倒不如，換一種角度，找一些他們愛聽的小故事，小笑話來刺激一下，然後再回到正題上來，也許這樣的效果會更佳。總之，這類的話題，由於枯燥無味，客戶對此又不愛聽，那你最好是能保留就保留起來，束之高閣，有時比和盤托出要高明一籌。

9 迴避不雅之言

每個人都希望與有涵養、有層次的人在一起，相反，不願與那些「粗口成章」的人來往。同樣，在推銷過程中，不雅之言對我們的銷售會帶來一些負面影響。諸如，我們推銷壽險時，你最好迴避「死亡」「沒命了」「完蛋了」，諸如此類的詞藻。然而，有經驗的推銷員，往往在處理這些不雅之言時，都會以委婉的話來表達這些敏感的詞，如「喪失生命」「出門不再回來」等替代這些人們不愛聽的語術。不雅之言，對於個人形象會大打折扣，它也是銷售過程中必須避免的話，你注意了、改過了，你便會一步步地走向成功。

讓客戶認為自己是個大贏家

一定要注意到尊重客戶的看法、想法，讓客戶充分感覺到他才是決策者，要讓客戶覺得自己是贏家，客戶有了這種感覺，你進行推銷就能夠順勢而為。反之，逆勢操作，將使你推銷的過程備感艱辛。

推銷的最終目的在於成交，在於說贏客戶。有經驗的推銷員都懂得要贏得勝利，在小處不妨忍讓。例如：

推銷員 A：「經過比較後，你一定能看出來，A 品牌的傳真機無論是傳真品質、速度及其他功能都比 B 品牌好。」

準客戶：「你說得不錯，只可惜它的外形設計較奇怪，顏色也不是我喜歡的，我喜歡象牙白的顏色。」

推銷員 A：「外形怎麼會奇怪，現在的傳真機大都是這樣的。黑色最大方，大家都喜歡黑色的顏色。你買回去，我保證你喜歡。」

推銷員 B：「目前的個人電腦，競爭非常激烈。我們為了迎接週年慶，已經降低了售價，給你的價格已是最低價了。」

準客戶：「好吧！電腦我不跟你還價，就算 2 萬元好了，你剛才說那個電腦桌要 2,100 元，就算 2,000 元湊個整數可以吧！」

推銷員 B：這個電腦桌我們是服務性質，根本沒賺錢，若是有賺錢的話，少 200 元也沒關係，實在不能給你折扣！」

假如你是上面兩個客戶的話，不知道你會不會購買，假如是我的話，我大概不會購買。這兩個例子中，推銷員都明顯地犯了一個錯誤：他們對客戶提出的不管是問題或看法，一概不給予尊重。只用自己的想法強迫客戶接受，倘若他能把產品推銷出去，可以說是他的運氣好。反過來說，客戶如果能夠像我一樣決定不購買的話，那麼實在是太可惜了一點。

這兩個案例中前面的準客戶對購買商品的主要因素如傳真機的傳真品質與速度、功能都已認同。另一位客戶對電腦主要部分的價格都已同意了推銷員的意見，可以說已經有九成以上的購買意願。他們提出的一些自己的看法如外觀、顏色及電腦桌的價格都只是一些次要的小問題，懂得推銷技巧的推銷員應該知道，這些小地方應該順著客戶，略微做一些讓步。不要對客戶提出的任何問題、想法，都咄咄逼人，尖銳地反駁回去，抱著一定要說贏客戶的心理，千萬不要以為說贏客戶，他就會購買。

1 要想贏得勝利，小處不妨忍讓

客戶購買東西，並不一定非要把所有的條件都完備滿足下才購買，往往只要是最重要的幾項需求能被滿足就會決定購買。就如每一個人都有他的優點及缺點，你欣賞一個人，絕不會因為他有一兩樣缺點就否定了的才氣，因此，你實在沒有必要對客戶提出的任何異議，都想要說贏他，在小的地方不管有無道理，不妨順從你的客戶。

2 要讓你的客戶有面子

每個人都有自己的想法與立場，在推銷過程中，如果你想要對方放棄所有的想法與立場，完全接受你的意見，會使對方覺得很沒面子，特別是一些關係到個人主觀喜好的場合。例如顏色、外觀、樣式，你千萬不要將自己的意志強加在別人的身上。

要讓客戶接受你的意見又感到有面子的方法有二種，一是讓客戶覺得一些決定都是由自己下的，另一個是在小的地方讓步，讓客戶覺得他的意見及想法是正確的，也受到你的尊重，他會覺得很有面子。

剛開始從事推銷工作的推銷員，對客戶提出的異議都千方百計地想要證明自己是對的，往往讓客戶在被推銷的過程中經歷一段不愉快地處境。為客戶們提出的反對意見都想去克服，這個習慣及想法，實在應該立刻改正。

真正的推銷專家只會建議客戶，他們都會讓客戶感到受尊重的情況下，進行推銷工作。

一位從事專業壽險推銷的朋友曾說：「當客戶提出反對看法的時候，這些反對的看法不會影響最終合約或只要修改一些合約內容時，我會告訴客戶『你的看法很好』或『這個想法很有見解』等贊成客戶意見的說詞，

我就是在贊成客戶的狀況下，進行我的推銷工作。當客戶對他先前提出的反對意見很在意的時候，他必定會再次的提出，通常不是真正重大的反對意見，當我們討論合約中的一些重要事項時，客戶通常對先前提出的反對意見，多半已不再提出。我就是用這種方法進行我的推銷工作，客戶簽約時，他們都會覺得是在自己的意志下決定壽險合約內容的。」

　　推銷的最終目的在於成交，說贏客戶不但不等於成交，而且還會引起客戶的反感。所以為了能夠使推銷工作能夠順利地進行，不妨盡量表達對客戶意見的肯定看法，讓客戶感受到被重視及有面子。

　　一定要注意到尊重客戶的看法、想法，讓客戶充分感覺到他才是決策者，要讓客戶覺得自己是贏家，客戶有了這些感覺，你進行推銷有如順勢而為。反之，逆勢操作，將使你推銷的過程備感艱辛。

要善於打破談話的僵局

　　談判中難免要經歷談判雙方都不願意看到的局面：談判出現冷場，雙方沉默不語，冷眼相向；或者雙方開始為某個問題發生爭執，面紅耳赤地進行辯論和爭執。這種場面是不可避免的，它使雙方陷入了尷尬。最後的結局是，雙方在沉默中退場。這就是談判中的僵局。僵局在某種程度上象徵著談判的破裂，是對談判的致命打擊。

　　談判中為什麼會產生僵局？那是因為雙方都不肯在某個方面讓步，從而無法達成一致的協定。這是一般的情況。有一些談判高手則喜歡利用僵局來促成談判的成功，因為人們一般都不喜歡僵局。他們可能在許多次要的問題上讓步，但是一談到主要問題、原則性問題的時候，他們可能會對對方說：「我們已經做了最大的讓步，已經充分地表達了我們談判的誠意，現在，我希望你們能夠做出一點讓步，否則的話我們也只能對這樣的

結局表示遺憾。」如果情況是這樣的話，談判的僵局將很難扭轉。

為了談判的成功，大多數談判者還是希望能夠盡快打破僵局。那麼如何打破僵局？可以用以下的方法進行。

1 調整情緒法

很多談判者因為堅持自己的意見，執意改變別人的看法，因而變得非常的激動。人們在激動的時候，往往不會被理智所控制。也許在談判之前他已經想好了怎麼處理僵局，但是當僵局出現的時候，他們卻忘記了已經想好的辦法。另外有一些談判者似乎已經做好了最壞的心理準備：既然對方對自己的要求毫不讓步，恐怕自己的目的已經達不到了，已經沒有希望獲得談判的成功了。這使得他們拋棄了原來的禮貌和謙遜，口氣開始咄咄逼人，甚至開始指責對方。無論如何，都應該盡最大的努力促成談判的成功。你應該做的是，慢慢地平息你自己激動的情緒，對談判的成功恢復信心，然後採取積極的對策。消極迴避對誰都沒有好處，應該積極地尋找解決方案。

2 轉換話題法

當對方不論你怎麼解釋，都不會同意你的要求時，不妨轉換一個話題。轉換話題並不是再也不提你們之間的爭執，而是暫且擱置，等適當的時候再進行討論。轉換話題的作用非常明顯，它可以緩解緊張的氣氛，只有這樣才能使雙方平心靜氣地展開討論，不再產生爭執，這樣才有利於談判的成功。你最重要的事情是緩解談判的緊張氣氛。

轉換話題不是消極迴避，而是在積極地爭取機會。在適當的時候，話題還是必須回到你們產生爭執的地方上來。因此，在你們談論別的話題的

時候，你同時要對你們的僵局進行反思，尋找問題所在，然後採取有針對性的解決方法。轉換的話題一定要跟你的主題有關，只有這樣才能保證你隨時能夠把話題轉回來。不要談那些不著邊際的話題，因為那樣會讓對方認為你在故意拖延時間，你也無法成功地轉回到原話題。

3　換主談入法

由於談判者可能會因為情緒問題而影響到自己的個人判斷，而且在很多問題上已經形成了成見 —— 可能正是這些成見使得談判陷入了僵局。對對方而言，現在的談判者以及他的各種做法和想法可能正是刺激他的主要原因。因此如果可能的話，更換主題是一個合適的選擇。選擇那些對本次談判非常熟悉的、具有較高能力的談判者參與談判，當然不能選擇那些對本次談判完全不了解、沒有多少談判技巧的人來繼續談判。

4　擴大雙方利益

如果可能的話，可以適當地擴大雙方利益。在某個問題上即使是原則性讓步，讓對方也能在某些重要問題上做出讓步。這樣雙方都能夠得到更多的益處，不過這自然是以做出某種犧牲為前提的。

必須注意的是，務必使自己得到的益處能夠保證比做出的讓步更加多，這樣才有讓步的必要，否則你失去的將會更多。你的目的並不只是要達成協議，而應該是達成對你有益的協定。另外，不要過度要求對方做出太多讓步，這樣不但達不到目的，而且會在另外的問題上造成僵局。

5　調整策略法

僵局出現的一部分原因是由談判策略的不當造成的。有經驗的談判高手甚至說：「沒有不合適的目標，只有不合適的策略。」他們的意思是，

只要你的策略合適，那麼無論你的目標有多高都可以達成。這樣說雖然有些誇張，但的確說出了策略的重要性。

6 心理置換法

心理置換要求用一種換位的思考方法來處理談判問題。在很多問題上，由於個人的經驗、學識、立場和價值觀不同，因而對同一個問題的看法會存在很大差異，甚至會有相互對立的意見。倘若你能夠從對方角度來看問題，那麼就可能會變得容易接受一些。當然，你也可以要求對方從你的角度和立場來考慮問題，前提告訴對方，你已經從對方角度來看待過這個問題了。然後，採取一種合適的、折中的方案來解決使你們陷入僵局的問題。

第 12 章
排除異議，銷售是從被拒絕開始的

在做銷售工作時，異議是不可能避免的事情。一個優秀的銷售人員就一定要有良好的心理素質心態，要做好被拒絕的準備，千萬別把顧客的異議當成刁難，反而應需靈活地對待客戶的非分要求。

┃要做好被拒絕的心理準備

拒絕幾乎是每個銷售人員每天都會遇到的事情，被拒絕一次你可能依然勇氣十足，可如果被拒絕了10次、100次呢？答案是，你只能開始準備你的第101次推銷。

日本著名推銷大師原一平曾深有感觸地說：「推銷就是初次遭到客戶拒絕之後的堅持不懈。也許你會像我那樣，連續幾十次、幾百次地遭到拒絕。然而，就在這幾十次、幾百次的拒絕之後，總有一次，客戶將同意採納你的計畫。為了這僅有的一次機會，銷售員在做著殊死的努力。」

國外保險業有一個統計資料，在保險推銷中，平均每訪問16個客戶，才能有一個客戶購買保險。

銷售員應該記住，客戶的拒絕，是一種常態，開始，可能是冷冰冰的拒絕，時間長了，他很可能成為你最要好的朋友。

所以，沒有必要試圖在短時間內說服客戶，先要把對方的拒絕承認下來、接受下來。你應該這樣想，客戶接納我的時機還沒有到。但是，我已經把資訊傳遞給了他，以後可以尋找恰當的時機和方式，讓客戶接納我，購買我的商品。因此，拒絕是對銷售員最基礎的考驗，銷售員不能因拒絕而停滯不前。有些銷售員上培訓課，或者聽資深銷售員的講解之後，往往會產生一種熱情，同時把推銷想成非常自由、快樂的職業，每天東奔西走，不用關在辦公室，也沒人盯著自己，能和客戶產生愉快的互動，輕而易舉地賣出產品。可是這種情況只發生在銷售員的白日夢中，不可能出現

在現實中，因為有些人並沒有產品需求或者還在猶豫階段，這些阻力都要銷售員透過努力才能克服。

喬治是美國一家公司的推銷員，憑著超群的推銷技藝，他叩開了無數壁壘森嚴的大門，做成了一筆又一筆生意，被譽為「全球推銷員」。

有一次，喬治來到一家商場與銷售員閒聊，了解到該商場開張 50 多年來一直生意興隆，從未虧損。喬治聽後十分興奮，準備向這家商場推銷產品。他信心百倍地找到了商場經理路易士。當他說明來意後，不料路易士卻一口拒絕：「如果進了你的貨，我們會虧損。」雖然喬治用各種技巧來說服對方，但一切都無濟於事，他只得離開。儘管如此，喬治堅信自己推銷的是好產品，也是適合這個商場的，路易士沒有任何拒絕的理由。於是，喬治決定重返商場。

當喬治再次走進經理辦公室時，路易士決定訂購一批他所推銷的產品。路易士說，由於商場生意好，前來推銷的人很多，目前已有很多人來過。對待這些推銷者，路易士都用一句話表示拒絕。接著，路易士十分慎重地對喬治說：「在這很多人中，只有你被拒絕後再次回到商場。或許是你的堅持感動了我，我斷定你推銷的產品肯定價廉物美，不然，你沒有繼續推銷的勇氣。」

面對拒絕要不斷給自己打氣，表現出頑強的敬業精神，堅持拜訪下一家客戶。有一位非常優秀的銷售員說：「我每天都做好計畫訪問多少客戶，把訪問過的企業情況在隨身攜帶的本子上記錄下來，把他們拒絕的理由也記錄下來，回家後進行分析。」訪問客戶的數目是一個指標，每天都必須完成，絕不能偷懶，如果你想：算了，再推銷下去也不會有希望，那麼就大錯特錯了，希望往往就埋藏在你的下一次拜訪中。

有句名言說得很有道理：上帝的延遲並非上帝的拒絕。失敗並不可

怕，怕就怕你從此一蹶不振。只要不放棄，機會隨時有可能光顧你。

山重水複疑無路，柳暗花明又一村。失敗，只是暫時的挫折，不是永遠的沉淪。面對客戶的拒絕，不要垂頭喪氣，要動動腦筋，找到正確的方法。或許，這次的失敗和挫折恰恰是你成功的契機和基礎 —— 一切取決於你的心態。

銷售員一定要記住：辦法都是動腦想出來的，被動接受只能是一直被客戶牽著鼻子走。偉大的人物無不走過荒沙大漠，才能登上光榮的頂峰。要保持成功的信念，它會助你從容面對客戶的拒絕。

別把顧客的異議當成刁難

世界上沒有十全十美的事物存在，客戶對產品有異議是非常正常的事情。當客戶有異議的時候，恰恰就是銷售員突破現在所取得的成績。創造更好業績的契機。每一個銷售員只要在面對客戶提出的異議時，採取有效的方式來解決這一問題，便能贏得客戶的信任，讓對方成為自己最忠實的客戶，並且為自己帶來許多的潛在客戶。可惜，一些銷售人員並沒有把握住這個機會，在面對客戶提出異議時，認為對方是在故意刁難，從而採取針鋒相對的態度對待，以致於使得客戶憤憤離去。

1 引以為戒

某家電器公司的銷售人員許明禮，他費了很大勁才向一家大工廠銷售了幾臺引擎。

三個星期後，他再次前往那家工廠銷售，本以為對方再會向他購買幾十臺機器。

不料，那位總工程師一見到他，就對他說：「許先生，我不能再從你

那裡購買引擎了！因為你們公司的引擎太不理想了！」

　　許明禮驚訝的問：「為什麼？」

　　「因為你們的引擎太燙了，燙得連手都不能碰一下。」

　　許明禮一聽連忙解釋說：「郝先生，我不同意您的意見，我們的引擎發熱絕對沒有超過規定的標準！」

　　總工程師生氣地說：「那難道是我在汙蔑你們的引擎？」

　　「不是的，但……」許明禮說。

　　「別說了，我們要退貨！」總工程師強硬地說。

　　結果，許明禮失去了一大筆生意。

2 深入分析

　　處理客戶的異議是對銷售人員的考驗，許明禮沒有透過考驗，他生硬地對客戶的異議表示拒絕，結果失去了再次成交的機會。在銷售時，出於各種各樣的原因，客戶往往會對銷售人員的產品表示異議，除了真正的異議之外，人們往往還會表達出假的異議，而不告訴銷售人員為什麼他們不願意購買你的產品。很顯然，銷售人員可能無法說服客戶，除非銷售人員了解他們真正的異議是什麼，做不到這一步，就算銷售人員「狂轟濫炸」、費盡口舌，他們也不會改變主意。

　　千萬不要和你的客戶進行爭吵。因為，銷售人員在和客戶進行爭辯時，不僅沒有把產品銷售出去，即使贏了也不能成功銷售。因此，對於銷售人員而言，最好的辦法就是不同客戶進行爭論。

　　客戶考慮購買你的產品而不擔任何異議的情況是很少出現的，不提異議的往往是那些沒有購買欲望的客戶。因此，無論由什麼原因產生的客戶異議，實際上都是客戶關心銷售的一種形式，都是客戶對銷售產品感興趣

的一種表現。因此，有經驗的銷售人員不僅對異議表示歡迎，而且還把它作為促成銷售的一個機遇。也就是說，正是客戶對銷售品產生了異議，才為銷售人員展示和發揮自己的銷售才能提供了機會。

3 正確方法

▶ **欣然接受客戶的異議**：真心實意地同意他的抱怨，從而軟化了他的心理防線，讓他緊閉的心門再度向你敞開。

當客戶不斷地提出異議，其實就是為你提供了說服客戶的資料。盡量讓對方說出他想要說的話，等他把心中所想的全部表達出來時，然後按照他的意願進行，從而成功地銷售出自己的產品。

如果客戶說了幾句，銷售人員就還以一大堆反駁的話，不僅打斷了客戶的講話而使客戶感到生氣，而且還會向對方透露出許多情報。當對方掌握了這些資訊後，那你就處在不利的地位，客戶便會想出許多拒絕購買的理由。結果當然就不可能達成交易了。

▶ **不要和客戶爭論**：這包含著很深的含義，客戶提出異議，意味著他表示需要更多的資訊。一旦與客戶發生爭論，拿出各種各樣的理由來壓服客戶時，銷售人員即使在爭論中獲勝，也會切底失去了成交的機會。

▶ **突破異議時不要攻擊客戶**：銷售人員在遇到異議時，必須把客戶和他們的異議分開。也就是說，要把客戶自身和他們提出的每一個異議區別開來。這樣，你在突破異議時才不會傷害到客戶本身。要理解客戶提出異議時的心理，要注意保護客戶的自尊心。倘若你說他們的異議不明智、沒道理，那麼你就是在打擊對方的情緒，傷害他們的自尊心，儘管你在邏輯的戰鬥中取勝，但你在感情的戰鬥中卻失敗了，那麼你就很難取得成功。

▶ **要引導客戶回答他們的異議**：一個優秀的銷售人員總是誘使客戶回答他們的異議。有一句銷售格言：「如果你說出來，他們會懷疑；如果他們說出來，那就是真的。」客戶提出異議，說明在他們的內心深處想購買，只要引導他們如何購買就行了。只要你在這方面努力，給客戶時間，引導他們，大多數客戶都會非常客氣地回答他們的異議。

▶ **要善於抓住細節**：客戶異議的根源是各種各樣的。各種引起客戶異議的原因之間互相連繫、互相影響，使得異議的根源變得難以捉磨。但客戶往往在無意當中透露出一些有傾向性的表現，銷售人員要敏銳地掌握住這些細小的環節，對客戶心理做出準確的分析和判斷，然後再想對策。

指出產品的差異，消除客戶的異議

與客戶溝通中，銷售人員需要把自己的產品優勢充分地展現出來，這樣才能夠打動客戶的心。但銷售人員首先需要弄清楚，哪些是產品特徵，哪些是產品的益處。

銷售人員一定要看到公司和自己產品的優勢，並把那些優勢熟記於心，要和對手競爭，就要有自己的優勢，就要用一種必勝的信念去面對客戶和消費者。因為你不僅僅是在銷售產品，同時，你也是在銷售自己，客戶只有先接受了你，然後才會接受你的商品。

客戶在聽完銷售人員的產品介紹之後感覺想買，但他會說我要貨比三家，我要看看別人賣多少錢，因此銷售人員要分析一下競爭對手同樣的產品、同樣的服務。但是他的價位是比你貴或者是說他為什麼比你便宜，是因為他的產品沒有比你的品質好、服務沒有你的品質佳、公司的附加價值沒有你好？倘若你懂得主動把競爭對手的種種條件拿出來擺在桌面上，對

你的客戶進行較理智的分析，並且你的優勢勝過對手的話，你就不會讓客戶說我要去貨比三家了。

通常情況下，產品的特徵就是指產品的具體事實，如產品的功能特點和具體構成；而產品的益處指的是產品對客戶的價值。銷售人員在介紹產品的時候，要把產品的特徵轉化為產品的益處，假如不能針對客戶的具體需求說出產品的相關利益，客戶就不會對產品產生深刻的印象，更不會被說服購買。而針對客戶的需求強化產品的益處，客戶就會對這種特徵產生深刻的印象，從而被說服購買。

「的確，這個產品的牌子不太響亮，但它的優點卻是最適合你的。它的節電功能可以讓你盡情享受 3 天，你根本不必擔心會用多少電。而且它的價格也比同類產品便宜得多，何樂而不為呢？」一部手機銷售人員如是說。

一個冷氣銷售人員對客戶說：「價格是高了一點，但它的性能是卓越而人性化的，有了它，你就會有一個舒適的夏天。」

「我們的產品服務是眾所周知的，優異的性能再加上優異的服務，你使用起來就會更方便舒適。」

在上面的銷售洽談過程中，銷售人員的說辭都具有較好的說服力。他們能夠抓住產品的特點，突出產品的長處，來淡化產品的弱勢。銷售人員在向客戶介紹產品時，如果不能讓產品的價值和優勢打動客戶，在接下來的工作中就會顯得較被動。因此，介紹產品要揚長避短，針對客戶的需求點中的關鍵部位來介紹產品的功能，以此來贏得銷售上的成功。

那麼，怎樣才能夠與競爭對手進行比較呢？

▶ 首先要了解你的競爭對手。什麼叫了解競爭對手？你要做到三件事情：第一，取得他們所有的資料、文宣、廣告手冊；第二，取得他們

的價目表；第三，了解他們什麼地方比你弱。

▶ 絕對不要批評你的競爭對手。也許你的客戶是對手的朋友，也許你的客戶是你競爭對手的親戚，所以，銷售人員在客戶面前批評對手會造成一些風險，客戶搞不好更不跟你買，或者是客戶覺得你這個人沒水準心胸太狹窄。也許客戶和你的競爭對手合作了很多年，他很欣賞你的競爭對手，只是想來考察你，銷售人員因為批評了自己的競爭對手，而失去了一筆生意。

▶ 銷售人員要表現出自己與競爭對手之間的差異之處，並且你的優點強過他們。有一個賣賓士汽車的銷售人員，看到有一個客戶進來。銷售人員：「先生，你目前開什麼車？」他說，我開BMW。你應該說：「BMW是市場上非常棒的一款汽車，BMW的優點是豪華、高檔、德國生產、高品質。BMW代表的種種優點，都是我們所欣賞欽佩的，這些優點賓士統統都有。同時賓士還有什麼優點是BMW目前較不具備的，這位先生如果你今天不買賓士我真的建議你買BMW，因為它的確是除了賓士之外市場上第二好的汽車。」這位銷售人員不但沒有批評打擊對手，而且還經常稱讚自己的競爭對手，但是稱讚完對手之後也展現出賓士汽車的哪些優點強過了BMW。所以，第三點是要表現出你與對手的差異之處，並且你突出的優點強過他們。

▶ 銷售人員要強調自己產品的優點。

▶ 銷售人員要提醒客戶競爭對手產品的缺點。是提醒而不是去強調，強調就會變成批評了。

▶ 銷售人員可以拿出一封競爭對手的客戶後來轉為向你買產品的客戶見證。

靈活對待客戶的非分要求

很多銷售經理因不能滿足大客戶的額外要求而失去重要客戶和業務時，常常把責任歸咎於公司的做法純粹是銷售經理自身軟弱的表現。

管理培訓公司的銷售經理陳先生突然接到長期合作的某電力公司培訓部經理黃先生的電話，黃先生談了自己對陳先生銷售業績的幫助後，提出要求對方報銷其與家人去「新馬泰」旅遊的所有費用，總共加起來近 15 萬元。這家電力公司每年在陳先生這邊採購的培訓總額都超過 250 萬，採購決定權全部是黃先生一人拍板。

15 萬元，對這家知名的管理培訓公司來說，並不是個大數目。但問題在於年初簽訂合作協定時，陳先生與黃先生私下約定的回報條款中並沒有這一條。此時如果貿然向高層提出黃先生的這個要求，高層不僅不會答應，甚至還會懷疑陳先生是不是在其中做了手腳。

陳先生深知黃先生是自己最重要的合作夥伴，不能得罪。但是倘若自己滿足了他的要求，難免還會有下次，陳先生陷入兩難困境。

銷售經理在處理大客戶關係時經常會碰到這種情況。

對於大客戶的維繫，不同性質的企業有不同的制度：歐美企業一般都有嚴格的規定，即按照業務額的一定比例對消費額抽成，規定範圍內銷售經理可自行決定，但超過部分一定要請示上級。

有關專家認為，很多銷售經理因不能滿足大客戶的額外要求而失去重要客戶和業務時，常常把責任歸咎於公司的做法純粹是銷售經理自身軟弱的表現。事實上，銷售經理在處理大客戶關係時有很多靈活性，銷售是很藝術的行為，是人與人的心理較量。

1 讓客戶體諒自己

林軒億曾服務於一家香港傳媒集團的分公司。當時遇到一個關係很好的老客戶，在業務合約簽訂之前要做廣告，需要從外地帶資料過來。本來說好只他一人來，結果他又帶上妻子和女兒，而且對住房提出了更高的要求。

因為並沒有正式簽合約，林軒億也不好意思請求公司給自己增加經費。

多出來的費用要麼客戶扛，要麼自己扛，搞不好會很尷尬。當時，林軒億對該客戶說：「公司抽成很低，我已經給你很低的價格了。而你在設計這廣告時也花費了大量時間，你們公司應該體諒你，給你增加一些費用，那樣我們合作起來也能寬鬆一點。」林軒億把球丟給了對方。而對方聽到如此誠懇的話時也深深地感動了，很體諒林軒億，於是他請示上級，還為林軒億的公司說好話。最後，額外的費用就由客戶公司承擔了。林軒億既沒有自己承擔多餘的費用，又讓對方感覺很愉快。

銷售經理有時有一種誤解：認為自己花了錢，客戶就會買你的人情。其實出手越大方，客戶越覺得這是理所當然，一味答應對方，反而不受尊重。如果銷售經理表示為難，讓自己處於弱勢地位，客戶反而會非常體諒。

2 學會利用上級

但客戶的需求多數是無解的，這時就要求助上級。某筆記型電腦生產商負責政府採購公關的銷售經理周志超就碰上這麼一件棘手的事。最近，某局準備採購 1,000 臺筆記型電腦。得到消息後，周志超透過關係找到了該局處長何東雄，何東雄表示可以幫這個忙。

最後，周志超獲得了 400 臺筆記型電腦的訂單。當周志超感謝何東雄時，何東雄明確提出要 50 萬「辛苦費」，周志超當時就懵了。這相當於這次訂單總額的十分之一，基本上把這批訂單的利潤全吃掉了。答應何東雄就意味著這次業務等於白做，但下次還有合作的可能，拒絕就意味著連下次合作的可能都沒有。

這時就需要請示上級。在此特別強調，銷售經理最重要的是，面對任何事情，都不要輕易答應對方的要求。即使知道請示會得到上級批准，也要養成跟客戶說請示的習慣，這就傳遞給對方一個資訊，即銷售經理自己的權力是有限的、滿足客戶的要求需要公司付出很大代價。這樣可以杜絕客戶養成隨便提要求的習慣。

同時，在爭取公司的支持時，一定要透過書面的請款費用報告，寫明是否是老客戶、成功希望有多大、來的是否是決策人、投資是否值得等，做到有理有據，才能說服公司。

3　要會賭客戶

如果既無法說服客戶，又不能贏得公司額外的資金支持，銷售經理就要在判斷該客戶價值的基礎之上自己投資賭一把。「好的銷售經理都願意花自己的錢去賭。」林軒億說。

林軒億曾經遇到一位外地客戶，在合約沒簽之前，林軒億朝那邊跑了很多趟。後來這位客戶因為其他事情來到了林軒億所在的城市。因為業務還沒確定是否有希望成交，林軒億也就沒有申請招待費，而是自己掏腰包請客戶吃飯。林軒億表示，這麼做是因為看準該客戶以後會很有價值，因此先投資，以後哪天突然提出需要幫忙，對方也就不好推辭了。

所以說，一切靈活度就在於銷售經理自己的悟性和價值觀。銷售經

理做判斷時一定要會「捨得」。有捨才有得，要有賭性，先投入，才有回
報。現實中遇到的很多問題都是制度之外的，沒有絕對的制度，公司在每
個不同時期遇到的每位客戶也都不一樣。

但「賭」的時候要掌握三個要素，即該客戶公司是否有預算、該客戶
是否有權力、該客戶公司是否有需求。此外，對客戶人品的了解也很重
要，這一點有時候可以在餐桌上洞悉和做出判斷。

4 讓制度說話

百密總有一疏。銷售經理有時還是會碰到一些由於個人疏忽所造成的
棘手問題。

已經下班很長時間了，某跨國行動通訊器材生產商的銷售經理楊先生
卻在辦公室裡望著電腦發呆，辦公桌上堆著一疊不久前與大客戶去日本觀
光的發票。這些發票大多都在預算內，財務部肯定會實報實銷。但其中的
幾張飯店住宿發票卻讓楊先生左右為難，報上去肯定會被財務部退回來，
不報的話自己又沒辦法面對那幾位大客戶，況且這些費用的產生確實也有
自己疏於提醒的責任在內。

為了答謝大客戶對公司業務的支援，楊先生的公司組成了去日本的觀
光旅遊，整個團隊大約 30 人，入住於東京一家五星級飯店。離開時與飯
店結算費用卻發現超出消費額度近 10 萬元。楊先生查過明細後才知道，
有幾位客戶看了整夜的付費電視節目。但這幾位客戶說根本不知道哪些頻
道是付費的，而且還抱怨楊先生沒有盡到提醒的義務，要求楊先生全額
買單。

公司早有明文規定，類似費用一律不報。但這些客戶又都是公司多年
累積的優質客戶，一旦失去將會給公司帶來巨大損失。

　　毫無疑問，既然公司已有相關規定，那麼責任就在於楊先生的疏忽。林軒億的建議是：公司分期扣除該銷售經理的薪水，直到補足這 10 萬元為止。

　　制度是公司的規定，一旦制定好就必須嚴格執行。如果這次對楊先生通融，下次別人也會這樣做，造成難以控制的局面。只有當自己承擔責任，銷售經理在處理大客戶關係時才會分外謹慎。

5 拒絕也能讓客戶回頭

　　林軒億曾經碰到一位客戶很苛刻地要求把公司提供的全部印刷品要使用特快方式免費送達，還需燙金。當時林軒億覺得成本太高，就請該客戶吃飯並溝通，直接向其說明：目前公司業務太緊張，如果是淡季可以滿足這些要求。就這樣，這筆生意沒有談成功。但有意思的是，沒過多久，這位客戶在連繫了其他幾家公司後，最終又回頭找到林軒億的公司合作。

　　對此，林軒億的體會是，如果實在無法滿足客戶要求時，要先誠懇地說明原因，然後想想還有沒有其他可以補償的方法。比如：對客戶的產品提供更精美一些的包裝、免費送 1,000 冊等等，費用不是很大，但能夠讓客戶感到公司的誠意。

　　說「不」並不代表徹底地拒絕，要留下以後合作的空間；也絕不能傷害客戶，否則會造成對方的忌恨。最明智的是，採取婉轉的拒絕，依然和客戶保持朋友的關係，說不定該客戶以後還會回頭。林軒億自己的從業經驗證明，事實上有一半的客戶會選擇再次回頭。

第 13 章
步步為營，穩紮穩打促成交

　　成交是銷售最關鍵的一步。一個優秀的銷售員就要懂得隨時捕捉客戶的成交訊號，巧妙地利用別人來幫自己的忙，並且在必要的時候懂得適當地退讓一下。當你為成交下足了功夫時，你便會發現成交其實並不是一件困難的事情。

▍捕捉客戶的成交徵兆，抓住成交的關鍵時機

　　無論是在與客戶進行正式的銷售溝通過程中，還是在銷售人員開展的其他銷售過程當中，當客戶有意購買時，他們通常都會因為內心的某些疑慮而不能迅速做出成交決定，這就要求銷售人員必須時刻注意客戶的反應，以便能夠從中準確識別客戶發出的成交訊號，做到這些便可以有效地減少成交失敗的可能。及時、準確地利用客戶表露出的成交訊號捕捉成交機會，必須要靠銷售人員的認真觀察和細心體驗，在銷售過程中一旦發現成交訊號，應及時捕捉，並迅速提出成交要求，否則將很容易錯失成交的大好機會。

　　當客戶產生了一定的購買意向之後，如果銷售人員細心觀察、認真揣摩，往往可以從他們對一些具體資訊的詢問中發現成交訊號。比如：他們向你詢問一些較細緻的產品問題，向你詢問產品某些功能及使用方法，是否打折，或者向你詢問其他老客戶的反應、詢問公司在客戶服務方面的一些具體細則等等。在具體的交流或溝通實踐當中，客戶具體採用的詢問方式各不相同，但其詢問的實質幾乎都可以表明其已經具有了一定的購買意向，這就要求銷售人員迅速對這些訊號做出積極反應。

　　很多銷售人員不能得到訂單，並非是因為他們自身不夠努力，而是因為他們不懂捕捉客戶成交的具體訊號，他們對自己的介紹缺乏信心，總希望能給對方留下一個更加完美的印象，結果反而失去了成交的大好時機。

小李是某配件生產公司的銷售員，他非常勤奮，溝通能力也相當不錯。前不久，公司研發出了一種新型的配件，這比過去的配件有很多性能上的優勢，價格也不是很高。小李立刻連繫了他的幾個老客戶，這些老客戶們都對該配件產生了濃厚的興趣。

此時，有一家企業正好需要購買一批這種配件，採購部主任對小李的銷售表現得十分熱情，反覆向小李諮詢相關情況。小李非常耐心地向他解答，對方頻頻點頭。雙方聊了兩個多小時，十分愉快，但是小李並沒有向對方索要訂單。他想，對方還沒有對自己的產品了解透徹，應該多接觸幾次才會下單。

幾天之後，他再次和對方連繫，同時向對方介紹了一些上次所遺漏的優點，對方很高興，就價格問題和他仔細商談了一番，並表示一定會購進。這之後，對方多次與小李聯絡，顯得非常有誠意。

為了進一步鞏固與客戶的好感，小李一次又一次地與對方接觸，並逐步和對方的主要負責人建立起了良好的關係。他想：「這筆訂單已經是十拿九穩的了。」

然而，一個星期後，對方的熱情卻慢慢地降低了，再後來，對方還發現了他們產品中的幾個小問題。這樣拖了近一個月後，這筆到手的單子就這樣飛了。

小李的失敗，顯然不是因為缺乏毅力或溝通不當，也不是因為該產品缺乏競爭力，而且因為他沒有把握好成交的時機。過於追求完美，過於謹慎，讓他錯失了良機。

其實，客戶要購買的產品，並不是最完美的產品，而是他最喜歡、最需要、最感興趣的產品。一旦這種產品出現，客戶就會表現出極大的熱情，我們要學會洞察客戶的反應，在客戶最想購買的時候索要訂單。一旦

錯過了這一時機，客戶的熱情就會下降，成交就會變得非常困難。當然，這並不意味著只有一個時機能成交，事實上成交有許多時機。但身為一個優秀的銷售人員，你要盡可能地在得到第一個訊號時就有所發覺，以便做成更多的生意。就像上面故事中的小李一樣，倘若他能夠在客戶第一次對產品表現出興趣時，就要求下單，會怎麼樣呢？雖然我們不能保證有百分之百的成功率，但至少還是有很大的機會。

盡量在得到第一個訊號時就有所收穫，以便做成更多的生意。就像剛才那個例子中的小李，倘若他在客戶第一次對產品表現出興趣時，就要求下單，會怎麼樣呢？雖然我們不能保證有百分百的成功率，但至少機會是很大的。

當客戶發出成交訊號時，請立即停止對產品的介紹，索要訂單。

沒有成交，談何銷售？所以，你要隨時準備好成交，要在銷售氣氛冷卻之前獲得購買的訊號。大膽會讓你贏得尊重和訂單。

很多銷售人員之所以得不到訂單，並不是他們不努力，而是因為他們不懂得捕捉和識別客戶的成交訊號的方法。他們對自己的介紹缺乏信心，總希望能給客戶留下一個更完美的印象，結果反而失去了成交的大好時機。

當然，成交的時機不止一個，成交有許多時機。但是，銷售人員要盡可能在出現第一個訊號的時候就有所收穫。就像上例，如果他在客戶第一次對產品表現出興趣的時候，就要求下單，會怎麼樣呢？雖然不能保證有百分百的成功率，但是至少機會是非常大的。

因此，當你認為客戶已經準備成交了，那就全力推動吧！當客戶發出成交訊號的時候，銷售人員一定要立即停止對產品的介紹，索要訂單。

通常情況下，以下幾點往往可以表現為客戶的成交訊號：

▶ **詢問價格**：當客戶詢問價格的時候，其實他已經再次發出了成交訊號。如果客戶不想購買，通常情況下，客戶是不會浪費時間詢問產品的價格。

▶ **詢問售後服務**：當客戶詢問售後服務細節的時候，其實他已第二次發出購買的訊號。客戶只有真心要買產品的時候，才會關心產品的售後服務。

▶ **詢問產品的細節**：客戶詢問該產品的細節，事實上他已經發送出購買的訊號。假如客戶不想購買，通常是不會浪費時間詢問產品相關的細節的。

▶ **詢問相關的細節**：當客戶詢問產品相關方面的一些問題並積極地討論的時候，說明他很可能已經有了購買的意向，這時銷售人員一定要特別加以注意。

身為一名優秀的銷售人員，一定要牢記一句話：客戶提出的問題越多，成交的希望也就越大。銷售人員在捕捉和識別客戶的購買訊號後，接下來就需要及時地把握訂單成交的時機。

心急吃不了熱豆腐，急於求成只會導致失敗

在銷售過程中，一些銷售員往往表現得過於急切，希望自己一進門客戶就答應簽約，然而這是不太可能的，銷售是一項艱苦而需要耐心的工作，急於求成的銷售員永遠也無法取得成功。

這些銷售員缺乏耐心，急於銷售成功，結果銷售業績不好。有些銷售員走來就是一句：「我們的產品特別好，你要不要買？」這樣直接地問等於是問客戶：「你付不付錢？」這樣的交易方式又怎麼能夠取得成功呢？

這些銷售員之所以沒有耐心，是因為以下幾個原因：

▶ **主動放棄**：一些銷售員認為，在大多數情況下要被拒絕，即使產品介紹得再好，他們也會覺得介不介紹產品都是無所謂的事情，反正想買的人就會買，不想買的人無論你怎麼說他也不會買的。

因此，他們容易缺乏介紹產品的耐心，一見到客戶就問買還是不買，被拒絕是很正常的事情，即使是世界上最優秀的銷售員在大多數情況下也是會被拒絕的，他們之所以成功，就在於他們越是被拒絕就越是想辦法將產品更好地介紹給客戶。要知道大多數客戶是有產品需求的，除非銷售員硬是要給盲人銷售老花眼鏡。客戶有需求就可以引導，而銷售員引導客戶需求方式就要透過產品介紹。

▶ **缺乏耐心**：缺乏耐心的人很難做好銷售工作，真正成功的銷售員往往是有十足耐心的。但是耐心是可以鍛鍊和培養的，銷售員可以透過不斷地訓練來培養自己的耐心。當銷售員求見一位客戶時，發現自己已經沒有耐心的時候，就要不斷地告誡自己要堅持，堅持到最後。只要這次堅持的時間夠長，就會成為下次商談的基礎時間。

▶ **盲目地節省時間**：俗話說：「兩鳥在林，不如一鳥在手。」那些試圖透過節省時間來多見一位客戶的銷售員往往由於缺乏耐心而被客戶拒絕。與其這樣不斷地追求新客戶，倒不如在老客戶身上獲取更好的銷售業績。

銷售員千萬不要在銷售過程中表現得缺乏耐心，因為缺乏耐心是對客戶的不尊重。

和客戶溝通感情就必須有耐心，不要急於求成。急於求成的銷售員認為自己的時間是非常寶貴的，想著自己還有很多客戶要去約見，卻沒有考

慮到如果沒有達成交易，其實質就是白白地浪費時間。這種現象就像為了貪圖便宜，購買了許多品質差勁、價格又很低廉的產品，但是每一件產品都不能使用，結果浪費了大量的金錢。如此購買倒不如就選擇一個品質有保證、價格較高的產品。銷售員與其在有限的時間內試圖和幾位客戶溝通，倒不如在有限的時間內和一位客戶達成交易。

老練的銷售員都會認為，失去一個訂單的最簡單、最有效的方法就是銷售員在與客戶簽約訂單付款時表現出急切。很多銷售人員將他們的工作視為一個巨大的銷售促成階段，卻不能了解其心理特性，以致於魯莽行事，最後只得丟掉了生意。

那麼，在簽約訂單時，銷售員應該注意哪些問題呢？

- **不要慌張**：慌張、性急都會使即將到手的買賣功虧一簣，所以一定要沉著應戰。
- **耐心與客戶溝通**：在初與客戶接觸時，可以採用靈活迂迴戰術，話題扯得越遠越好，以便與客戶搭界，但在最後簽約成交的決戰中，則不能浪費一顆子彈，要全力製造氣氛迫使對方決定購買。
- **當心樂極生悲**：要做到喜怒不形於色，否則，樂極生悲，使得客戶心中生疑，又落個空喜一場。到了最後成交的階段，你要做的就是再鼓舞，使其欲望不斷升溫。
- **不要急於降價**：到了最後關頭，要不要減價則無所謂了，客戶這時要求減價，多是存僥倖心理，不會因為減價而改變主意的。

另外，在交易達成後，銷售員不要急於「逃離」客戶，這並不是說要繼續留下與客戶閒聊，而是說離開時不要手忙腳亂、慌慌張張，而是應該從容離開。

　　對於價格低廉的商品，也許可以趕快離開來提升工作效率；但是如果是大件產品，尤其是客戶花費較多的產品，如果迅速離去往往會使客戶犯疑，以為自己上當，進而產生取消交易的想法，而且極有可能將想法付諸行動。每個銷售人員都應該在達成交易之後，向客戶提出一些保險措施，然後從容離去，比如留下自己的連繫方式和售後服務電話等。銷售員也可以透過讚美客戶來取得客戶的成交安全心理。

　　一般認為在銷售員和客戶達成交易之後，銷售員應按照以下步驟來安排自己的離開。

1. 收拾資料，並將現金很慎重地收進皮包內，這個動作一定要讓買方看出該銷售員十分穩重。

2. 是給公司的同事打個電話，要當著客戶的面打回去，明確地向公司表示這位客戶已經購買產品，請公司立即登記。

3. 讚美客戶眼光獨到，購買了自己的產品。其購買行為已經對其家庭增添了很多便利。

4. 是告訴客戶有必要和朋友一起享用。因為客戶的選擇是相當明智的，這種明智的決策足以成為客戶向其朋友炫耀的資本。

5. 很禮貌地向客戶告別。和客戶告別時要鄭重地向客戶道謝。耐心是一個銷售員應該具備的基本素養，銷售員本身的基本特徵就是從拒絕開始。一個銷售員如果沒有耐心，一遇到拒絕就立即放棄，是很難取得成功的，同時也會給客戶留下不好的印象。

　　以下是銷售專家為成交規劃的四個步驟，值得借鑑：

1. 是接近，取得和客戶接觸的機會。

2. 是銷售員，既銷售自己，又銷售產品。

3. 是拒絕處理，通常也叫異議處理，這是談判的磨合過程。

4. 是促成，主要是向客戶提出成交要求。

理論專家們強調必須按部就班，否則就是急於求成。這種理論是有一定道理的，雖然銷售員可以透過促成試探來尋找成交的時機，但是就達成交易的全過程來看，這種模式非常多見。

巧妙利用客戶見證說服客戶成交

美國行銷專家亞佛瑞·福樂曾經說過：「銷售的關鍵在於，能夠向客戶證明我們所銷售的產品的確如所說的那麼好。」客戶大多是非常理性的，尤其是在做出重大購買決定時，他們需要銷售員提供更多的證據來確保他們的決定是正確的。但是，我們發現，大部分銷售員能記得住數十頁的產品說明書，但是卻不能夠給客戶提供一個合適的案例；即使有，也是模糊不清，這樣，客戶當然不會相信。

所以，銷售員在拜訪中要更多地了解有哪些客戶用過我們的產品；有哪些客戶在使用我們的產品後的確獲得了明顯的好處；此外，還有哪些客戶對我們產品讚不絕口，願意和我們長期合作……這些，都是我們銷售的有力武器。

假如我們銷售的是保險，如果我們對客戶說：「現在醫療費用是很昂貴的，如果您得了重大疾病而又沒有購買保險的話，那麼很可能會為了治病而傾家蕩產，您想讓這種情況發生在自己身上嗎？」聽到銷售員這樣說，客戶不立刻把銷售員趕出去才怪呢，更別提買保險了。如果我們能轉換一下思維，為客戶講一個別人的故事，效果可能會更好。比如：我們可以這樣對客戶說：「我有一個朋友剛結婚一年半，並且有了一個小寶寶，她的丈夫最近因為癌症不幸離世了。因為沒有買保險，所以只能自己負擔

醫藥費，結果家裡全部的積蓄都用在為丈夫治病了，現在我的這位朋友一個人帶著孩子生活非常困難。」這樣的例子是不是會比我們單純地說買保險更能夠打動客戶的心呢？

　　再比如：我們銷售的是保健品，我們對客戶說：「許多服用了這種保健品的人，都發現自己的抵抗力明顯地提升了。」這可能是事實，但是客戶的眼睛看不到，所以這樣的話聽起來沒有太大的說服力。但如果我們接著說：「這是某個社區的委員會送來的感謝狀，上面提到他們社區很多老年人在服用了這個保健品之後，覺得自己更有活力了。」這樣是不是會更容易讓客戶相信呢？

　　所以，銷售員要想有好的業績，就必須重視案例的作用，平時多準備一些能夠打動人心並且具有說服力的案例，透過這些案例來打消客戶的顧慮，成功銷售我們的產品。

　　另外，銷售員在運用案例說服客戶時，要想取得好的效果還需要注意以下幾點：

▶ **誠實，切不可捏造故事**：銷售員不能為了銷售產品而捏造故事，欺騙客戶，否則一旦被客戶看出破綻，那麼我們不僅銷售失敗，而且還會名譽掃地。因此，銷售員最好選擇那些發生在自己身邊的案例，這樣我們講起來會更加生動可信。

▶ **案例要講述得具體，不要太籠統**：清楚明確地案例通常非常容易引起客戶的興趣，也更具說服力。所以，銷售員一定要記住：案例講述要具體，保證給客戶留下非常深刻的印象。

　　比如銷售員在銷的時候會說：「這裡很多的商店都從我們公司進貨，他們非常認可我們的產品。」這樣的話太籠統，客戶根本不會信。但是，如果我們把具體的客戶名單給他看一下，順便拿出一些權

威人士的評價，他的態度肯定會有一百八十度的大轉變。

▶ **所舉的案例要恰當**：銷售員要清楚自己列舉案例的目的是為了讓客戶認可、接受我們的產品，因此，所舉的案例要能恰如其分地證明自己產品品質的優越，不能天馬行空地東拉西扯，這樣雖然花費了很長的時間，客戶卻不知道我們究竟想要表達什麼。

▎適當妥協創造雙贏促成訂單

在銷售過程中，有時遇到了成交障礙，銷售人員採用了各種促成訂單的技巧都無法達成目的時，那就只有採用降價這一招了。但是，在銷售過程中，降價也有技巧。這個技巧就是退一步成交法。

退一步成交法是指在與客戶談判時，遇到了成交障礙，銷售人員不得不降價時，我方先作一小步退讓，同時將合作的其他條件作相對的調整，並立即進行促成。這樣，銷售人員首先以讓步表現出了成交的誠意，客戶只要有誠意就有可能會答應銷售人員所作的相對的調整條件。因為，此時交易不成，客戶方將會背上「理虧」的心理負擔。大部分情況下，客戶會迅速與銷售人員簽約訂單的。

一個銷售人員在向一個經銷商推銷該公司的新一代產品時，由於該經銷商是公司的老客戶，對其產品性能都非常了解，就沒有提別的要求，僅僅要求銷售人員將新一代的產品按照原來產品的價格賣給他。

對於這一點，銷售人員感到很為難，因為畢竟是新一代產品，科技成分要高一些，按照原來產品的價格批發給他，利潤顯然要下降很多。對此，銷售人員不敢盲目答應經銷商的要求，就發資訊諮詢了公司的主管經理。

主管經理表示：「量大的話可以考慮，量太小了就不能答應。」

銷售人員得到主管的回覆後，就對經銷商說：「您也知道，我們的產品是換了代的，科技成分較高，成本要高一些。價格當然應該高一點。您現在要求按照原來的價格進貨，確實讓我們感覺到非常為難……」

經銷商說：「現在市場不景氣，東西都不好賣。我們是長期合作關係，長期做生意的，所以我才敢放心進你們公司的貨。如果新產品要提高價格，那麼讓我們怎麼賣出去？這樣吧，要麼按照原價，我們進一點貨，要麼暫時不進貨，等市場價格穩定了以後再說……」

銷售人員說：「我們之間的合作也不是頭一次。我們開發的新產品按照報價批發給您就已經夠低的了。這樣吧，看在我們是長期合作關係的份上，我們各自都讓一步，好不好？我虧本將新產品按原來的價格賣給您，您呢，一次多進一點貨，將原來的 200 噸貨物加到 300 噸……」

客戶聽了後說：「現在市場不景氣，我們進 200 噸貨就已經夠多了，進 300 噸……」

銷售人員說：「是啊，現在市場不景氣，我們產品的利潤已經很低了……現在，新產品按照原來產品的價格批發給您，幾乎是賠本的買賣，而您多進一點貨風險雖然大一點，但是進貨的價格低，利潤空間大啊！這一個優惠條件是我努力向主管爭取來的。在我們公司您是第一個享有這種優惠的人……」

經銷商衡量了一些利弊，覺得銷售人員退讓了一步，自己退讓一步也不會有太大的風險。雖然進貨過多，但是新一批的產品零售價肯定比前一批的要高一點，這樣利潤空間也就變大了很多。

於是，客戶還是決定與銷售人員簽下了訂單。

很顯然，這訂單是雙贏的，對於銷售人員及其公司來說，價格雖然降低，但是銷售量提升上去了，能夠達到「薄利多銷」的效果。而對於客戶

方的經銷商來說，用原來產品的價格進新一代產品的貨，利潤空間顯然變大了，收益自然也相當可觀。

在銷售過程中，銷售人員和客戶很容易在某些方面產生分歧。有時，為了各自的利益甚至互不相讓，致使銷售進入「對立的局面」。此時，銷售人員首先要考慮盡量在不降價的情況下說服客戶簽約訂單，如果無法達到目的，那麼就可以採取主動退讓一步，然後對成交要求做出進一步修改，要求客戶「也讓一步」，以此緩解「對立的局面」，促使客戶下決心簽下訂單。

許多客戶不斷地為自己爭取更多的利益，這並不一定是他們想要得到什麼而驅使他們這樣做的，而是他們內心「不願意吃虧」的思想驅使他們這樣做的。在交易雙方為成交的一些條件爭論得難分難解時，他們如果有真實的購買需求，也希望能夠在不吃虧的情況下妥善解決爭議，因為畢竟拖下去也要消耗他們的購買成本。

此時，銷售人員應該先退一步，讓客戶感覺「他贏了」，然後對成交條件做相對的調整，變相地要求客戶也「退一步」，往往能達到求同存異、促成訂單的目的。

當你採取這種方式時，還需要注意以下幾個方面的問題：

▶ **別輕易讓步**：在銷售過程中，銷售人員要想爭取到客戶的滿意，在談判時不能輕易地讓步。銷售人員一旦輕易讓步，就會讓客戶覺得有爭取更多優惠的空間，並不斷地提出要求。

▶ **要求客戶讓步的部分應該略比銷售人員讓步的那部分小**：在銷售過程中，銷售人員採用退一步成交法實際上是自己「先退一步」，掌握主動權，再要求客戶「退一步」的做法。此時，銷售人員要求客戶「讓步的那一部分」非常重要，往往決定著交易能否達成。如果銷售人員

259

要求客戶「讓步的那一部分」過大或者觸及了他們的核心利益，那麼往往容易遭到客戶的拒絕，從而把交易逼進死路；相反，如果要求客戶「讓步的那一部分」過小，那麼相應地，銷售人員及其公司的利益損失就會變大。因此，要求客戶讓步的部分應該略比銷售人員讓步的那部分小，這樣，既可以促成訂單，又不至於為自己或公司造成太大的損失。

▶ **讓步是痛苦的**：對於銷售人員來說，在關鍵時刻讓一步，雖然能夠帶來較大的利益，但是在客戶面前還是要表現出「讓步是非常痛苦的」、「讓步是迫不得已的」。只有這樣，銷售人員要求客戶讓步的要求才有可能實現，才有可能達到促成訂單的目的。否則，盲目的讓步不僅無法促成訂單，而且還會導致自身的利益受損。

▶ **讓步時態度要誠懇**：銷售人員讓步的主要目的是向客戶直接表明自己對成交的一片誠意，希望客戶也能以讓步的行為來表明自己的誠意。而客戶此時是被動的，如果他們此時能以讓步的行為來表明誠意，那麼簽約訂單就是水到渠成的事；相反，如果他們沒有以讓步的行為來表明他們的誠意，那麼他就得為成交失敗負最大的責任。然而，只要成交對他們是有利的，他們是不願意背負這種道義上的責任的。

總而言之，退一步成交法是銷售面臨死亡時，銷售人員積極爭取主動，向客戶表達成交的誠意，而又基本不損害自身利益的促成訂單的技巧。為了促成訂單，銷售人員應該認真學習和揣摩這種技巧，讓一切看來即將泡湯的訂單「轉危為安」。

第 14 章
做好服務，客戶滿意才是真理

服務是銷售中的最後一個環節。優質的服務是非常重要的，它能夠為你贏得許多回頭客。做好售後服務要想方設法地提升你的客戶滿意度，維繫好自己的老客戶資源，源源不斷地開發新客戶資源。當你真正地做好了售後服務時，才能夠為下次成交打好扎實的基礎，才能夠贏得更多的新客戶。

處理顧客投訴也需要技巧

要成功地處理客戶投訴，先要找到最合適的方式與客戶進行交流。很多客服經理都會有這樣的感受，客戶在投訴時會表現出情緒激動、憤怒，甚至對你破口大罵。此時，你要明白，這實際上是一種發洩，把自己的怨氣、不滿發洩出來，客戶憂鬱或不快的心情就會立馬釋放和緩解，從而維持了心理平衡。此時，客戶最希望得到的是同情、尊重和重視，因此你應該立即向他道歉，並採取相對的措施。

1 從傾聽開始是解決問題的前提

在傾聽客戶投訴的時候，不但要聽他表達的內容還要注意他的語調與音量，這有助於了解客戶語言背後的內在情緒。同時，要透過解釋與澄清，確保你真正了解客戶的問題。

「林先生您好，請幫我確認理解是否正確。您是說，一個月前買了我們的手機，但發現有時會無故當機。您已經到我們的手機維修中心檢測過，但測試結果並沒有出現任何問題。今天，此現象再次發生，您很不滿意，要求我們給您更換新品。」你要向客戶澄清：「這是我所理解的，請問是這個意思嗎？」

認真傾聽客戶，向客戶解釋他所表達的意思並請教客戶我們的理解是否正確，就是向客戶表明了你的真誠和對他的尊重。同時，這也會給客戶一個重申他沒有表達清晰意圖的機會。

2 認同客戶的感受

客戶在投訴時會表現出煩惱、失望、洩氣、憤怒等各種情感，你不應該把這些表現理解為對你個人的不滿。特別是當客戶發怒時，你可能會想：「我的態度這麼好，為什麼對我發火？」要知道，憤怒的情感通常都會潛意識中透過一個載體來發洩。你路上踩在小碎石上，可能對小碎石發火，一腳踢遠它，儘管這不是小碎石的錯。因此，客戶僅僅是把你當成了發洩對象而已。

客戶的情緒是完全有理由的，理應得到極大的重視和最迅速、合理的解決。所以你要讓客戶知道你非常理解他的心情，關心他的問題：「林先生，對不起，讓您感到不愉快了，我非常理解您此時的感受。」

不管客戶是對還是不對，至少在客戶的世界裡，他的情緒與要求是真實的，客服經理只有與客戶的世界同步，才有可能真正地了解他的問題，找到最合適的方式與別人交流，從而為成功的投訴處理奠定基礎。

3 引導客戶思緒

我們有時候會在說道歉時感到不舒服，因為這似乎是在承認自己有錯。其實，「對不起」或「很抱歉」並不一定表明你或公司犯了錯，這主要表明你對客戶的理解與同情。不用擔心客戶因得到你的認可而越發強硬，認同只會將客戶的思緒引向解決方案。同時，我們也可以運用一些方法來引導客戶的思緒，化解客戶的憤怒。具體說來有以下幾個方面：

「何時」法提問

一個在怒火上的發怒者無法進入「解決問題」的狀況，我們要做的首先是逐漸使對方的怒火降低下來。對於那些非常難聽的抱怨，應該用一些「何時」問題來沖淡其中的負面成分。

客戶：「你們根本是瞎胡搞，不負責任才導致了今天的爛攤子！」

客服經理：「您什麼時候開始感到我們的服務沒有及時替您解決這個問題？」

而不當的反應，如同我們司空見慣的：「我們哪裡瞎搞了？這個爛攤子跟我們有什麼關係？」

轉移話題

當對方按照他的思路在不斷地發火、指責時，可以抓住一些其中略為有關的內容扭轉方向，緩和氣氛。

客戶：「你們這麼搞把我的日子弄苦了，你們的日子當然好過，可是我還上有老下有小啊！」

客服經理：「我理解您，您的孩子多大啦？」

客戶：「嗯……6 歲半。」

間隙轉折

暫時停止對話，特別是你也需要找有決定權的人做一些決定或變通：「稍候，讓我來和高層主管請示一下，我們還可以怎樣來解決這個問題。」

給定限制

有時你雖然做了很多嘗試，對方依然出言不遜，甚至不尊重你的人格，你可以轉而採用較為堅定的態度給對方一定限制：「劉先生，我非常

想幫助您。但您如果一直這樣情緒激動，我只能和您另外約時間了。您看呢？」

表示願意提供幫助

「讓我看一下該如何幫助您，我很願意為您解決問題。」正如前面所說，當客戶正在關心問題的解決時，客服經理應體貼地表示樂於提供幫助，自然會讓客戶感到安全、有保障，從而進一步消除對立情緒，形成依賴感。

解決問題

針對客戶投訴，每個公司都應有各種預案或解決方案。客服經理在提供解決方案時要注意以下幾點：

▶ **為客戶提供選擇**：通常一個問題的解決方案都不是唯一的，給客戶提供選擇會讓客戶感到受尊重，同時，客戶選擇的解決方案在實施的時候也會得到來自客戶方更多的認可和配合。

▶ **誠實地向客戶承諾**：因為有些問題非常複雜或特殊，客服經理一時不知道如何解決才好。如果你不能確信的話，不要向客戶作任何承諾，非常誠實地告訴你的客戶，你會盡力尋找解決的方法，但需要一點時間，然後約定給客戶回話的時間。你一定要確保準時回話給客戶，即使到時候你仍不能解決問題，也要向客戶解釋問題進展，並再次約定答覆時間。你的誠實會更容易得到客戶的尊重。

▶ **適當地給客戶一些補償**：為彌補公司操作中的一些失誤，可以在解決問題之外，給客戶一些額外補償。很多企業都會給客服經理一定授權，以靈活處理此類問題。但需要注意的一點是：將問題解決後，一定要改進，以避免今後發生類似的問題。有些處理投訴的部門，一有

投訴首先想到用小恩小惠息事寧人，或一定要靠投訴才給客戶應得的利益，這樣不能從根本上減少此類問題的發生。

┃提升你的客戶滿意度

如何在服務過程中向顧客傳遞積極有效的資訊？如何達到超出顧客期望值的服務效果，從而獲得顧客的滿意、留住顧客、贏得顧客的忠誠？我們不妨嘗試從以下幾個方面來做：

1　問候顧客就像問候自己的客人

沃迪·阿倫曾說：「顧客光臨生意就有 80% 的成功。」

在客戶服務方面，80% 的成功就是對光臨的顧客像對待自己的客人一樣。客人來家做客時，我們應該立即向他們問候，這雖然只是一件小事，但是在飯店服務中，向顧客提供及時友好的問候時含義會更為深刻。

一個顧客等了 30 秒鐘或 40 秒鐘，但常常會覺得已經等了 3 分鐘或 4 分鐘。當被忽視時，就會覺得時間很慢，即時問候會減少顧客因等待而帶來的壓力。友好的問候能夠讓顧客在陌生的環境中放鬆心理壓力，從而使服務工作順利開展。所以，我們要求服務人員在顧客一進入飯店就要提供即時的問候、交談，並且要求聲音響亮，讓客人覺得自己是受人歡迎的。

2　真誠地讚揚

人人都喜歡聽到別人真誠的讚美，花幾秒鐘對顧客說一些稱讚的話，能有效地增加與顧客間相互的友好情誼。讓自己養成讚美的習慣，能夠很快地與顧客之間建立起一個和諧、愉快的服務與被服務的氛圍。

3 用名字或姓氏稱呼

一個人的名字是他或她最喜歡聽的聲音。在適當的時候，向顧客做自我介紹，並且詢問他們的名字。如果不便的話，可從信用卡、訂單或其他證件上獲得顧客的名字，你會發現它在你的工作中達到了意想不到的效果。不過，也不要過快的親密起來，通常稱「× 先生、× 小姐」非常保險，如果人們喜歡被直呼其名，便會告知。

4 學會用眼神與顧客交談

在無法大聲說話的情況下，你可以用眼神來交流，告訴顧客有關你願意為他們服務的意願。但是，合理地安排時間是非常重要的。我們建議採用 10 秒鐘規則。即使你在忙於招待另外一個人，也要在 10 秒鐘內用眼神與顧客交流。如用口頭問候一樣，你不必打斷與顧客正在進行的服務。只是暫停一下和瞥一眼就能抓住新顧客，而大大減少顧客被冷落而引起的投訴與不滿。

5 說「請」和「謝謝」

這看起來似乎過時。而且你會說一些顧客對你非常無禮，因為那並不是他們自己的工作。要建立與顧客的密切關係和獲取顧客的忠誠，「請」和「謝謝」是重要的詞語，容易說並且值得我們重複。

6 多聽顧客的意見並經常問「我該怎麼做」

很少有人能真正聽得進別人的批評。聽批評這種技巧提供了最好的超越期望值的機會。聽取他人的意見是非常重要的，因為一些最好的想法源於他人對你的批評，要成為好的聽眾，首先要培養易於接受批評的態度及

聽取意見的方法。首先要判斷人們所講的內容，而不是計較他們說話的方式；要沉住氣，在顧客沒有講完之前，不要馬上做出判斷；學會保持目光接觸，學會聽取別人談話；防止干擾，始終將顧客作為你注意的中心；讓顧客闡明情況，這樣才能夠完全明白他們的需求。不要表現出過度的敵意，而是用真誠的、漫談的方式來問一些問題。總之，重要的是獲取顧客的資訊回饋，從而更好地評估他們的期望值。

7　微笑必不可少

正如格言所說：「沒有面帶微笑，就不能說有完整的工作著裝」，或者如同玩世不恭者所說：「微笑，微笑使人們很想知道你們想做什麼。」但更為重要的是，它告訴顧客，他們來對了地方，並且處在友好的環境裡。

8　欣賞他人　及人與人之間多樣性

在我們日常服務接待工作中，大多數顧客是令人愉快的，也有一小部分人是較難伺候，愛找麻煩的。每個人都有獨特的個性。愛找麻煩的人大多數是我們不會喜歡的那類人。我們要會接受這種差異，但要知道只要我們善待顧客，一定會讓他們感到友好。這就需要我們不斷地加強語言交流訓練，戒掉處事消極和武斷的習氣，把你的「自由」和對他人的評論著眼於積極的一面。不要妄加判斷，如「這傢伙吝嗇得要死」而說「這顧客非常有價格意識"」。不要說「你能想像得出那件難看的衣服穿在那位女士身上會是什麼樣子嗎？」而要說「穿在她身上真是漂亮極啦！」

完善的售後服務，為下次成交做好鋪墊

銷售人員在完成一筆交易後，並不等於和客戶之間的關係就此結束了。行銷是一個持續不斷的過程，售後服務是最後也是重要的環節。售後服務的目的在於與客戶維持良好的關係。

在現代企業中，企業的一切行為都是為銷售服務的，銷售的一切行為都是為利潤服務的！

很多企業，售後都是銷售大部門中的一個分部門！售後服務就是在產品出售以後所提供的各種服務活動。從銷售工作來看，售後服務本身同時也是一種促銷方法。在追蹤跟進階段，銷售人員要採取各種形式的配合步驟，透過售後服務來提升企業的信譽，擴大產品的市場占有率，提升銷售工作的效率及效益。

每個銷售人員肯定都會說自己的產品如何如何好，可是在真正出現問題以後，就會你推我，我推你，或者最後乾脆推給客服，因此在關鍵時候，沒有一個人能夠很好地把問題解決掉。如果我是客戶，產品出現了問題拿去找銷售人員，他卻往客服部門推責任，找不到解決方案，我想我肯定要求退貨，因為根本就找不到負責人。這不僅使銷售人員沒了信譽，更毀了整個產品及企業的信譽。

幾年前，艾布特曾買了一間大房子，房子雖說不錯，可是畢竟是一大筆錢，以至於付款後總有一種買貴了的感覺。就在全家搬進新居兩三個星期之後，賣給他房子的房仲打來電話說要來拜訪。艾布特不禁感到有些奇怪。

有一天早上，房仲果然來了。一進屋就祝賀艾布特選擇了一所好房子，之後他又和艾布特聊起天來，為艾布特講了許多當地的小典故。他帶著艾布特圍著房子轉了幾圈，把其他房子指給艾布特看，說明艾布特的房子如何與眾不同。他還告訴艾布特附近有幾個住戶是非常有名氣的名人。

269

這一番話讓艾布特疑慮頓消、豪情滿懷。此時，這位房仲表現出的熱情甚至超過賣房的時候。

房仲的熱情造訪讓艾布特大受感動，一顆不安的心也平靜了下來。艾布特確信自己買對了房子，感到很開心。從此，他們便成了無話不談的好朋友。

房仲用了整整一個上午的時間來拜訪艾布特，卻沒有利用這段時間去尋覓新的客戶。他這麼做吃虧了嗎？不，一週之後，艾布特的一位朋友對艾布特房子旁邊的一棟房子有興趣，艾布特便介紹他去找那位房仲。最後，艾布特的朋友雖然沒有買那間房子，卻從那個房仲處買了別處一棟更好的房子。

非常明顯，售後服務是一種主動上門的服務，並不是等客戶有疑慮了、提出要求來了才去給予解決。有些目光短淺的銷售人員認為，這種主動上門的服務是一種代價高昂的時間浪費，就像贏了還是繼續賭一樣，這種觀點是非常錯誤的。

身為一名銷售人員應該懂得，行銷絕不會成交時自動終止，反而是在成交之時會更積極地展開，因為那只會表示你有機會可以去爭取一位「緣訂三生，白頭偕老」的忠實客戶。如果我們能夠站在客戶的立場，設身處地的為客戶著想，竭盡全力為客戶服務，希望使每個前來購買的客戶都成為滿意的客戶，這樣便會累積起龐大的客戶基礎。

在當今市場，售後服務並不是客戶已經買了你的東西，你去給他做服務，而是要建立起一種和諧的人際關係。在客戶還沒有買你的東西時，你可以用這些原則，是在促進客戶更加相信你的產品，更加地相信你的人品。而買過產品的人，你也要讓他更進一步地跟你維持一種更信賴的關係。

企業的實質就是追求利潤最大化，而售後服務卻是一個純負利潤部門，這樣看來肯定是銷售重要了？其實不然，售後身為銷售的支持與補充，是非常有利於銷售的，舉一個例子，某公司就是一個以售後服務好而知名的公司。在該公司，銷售是第一位的，但如果有了售後，則售後是高於銷售的！一句話，沒有良好的售後就沒有持續的銷售！就沒有了利潤，就沒有了企業！做好售後服務必須做到以下幾點：

▶ **傾聽客戶的抱怨**：每一個客戶都會有抱怨。沒有一個客戶是完全滿意、百分之百高興的，他或多或少都會有問題，你聽他的抱怨不要擔心，不要害怕，你越聽他的，你越能夠成長進步，知道你該怎麼改進。他願意和你抱怨等於讓你有機會能夠重新為他服務，讓他重新滿意沒什麼不好。他有抱怨你去解決，加強他對你的印象，讓他覺得你的服務確實挺不錯的。很多銷售人員不喜歡聽客戶抱怨，應該要不耐煩的聆聽客戶的抱怨。

▶ **恰當時機售後電話**：我們要在適當的時期撥打售後電話，一個客戶無論有沒有做購買的決定，有沒有買你的東西都不是很重要，重要的是要在訪問的時候客戶反映不錯，這就需要你在拜訪過後馬上撥打售後電話，或是發送滿意度調查的簡訊或 E-mail。

▶ **視察銷售後的狀況**：對於購買你的產品的客戶，你要經常做回訪，直到客戶使用熟練為止。在還沒有熟練之前，客戶總會遇到一些問題，尤其是那些非常專業的知識，客戶使用的時候一定會遇到很多難題，這就要求銷售人員做一些經常性的售後訪問。對於消費型產品，有必要調查客戶的使用情況，這些都是非常重要的問題。

▶ **提供最新的資訊**：為客戶提供最新資訊，介紹公司的新產品、活動專案等，都需要在做售後服務時去做，這等於不斷地與客戶建立良好的

關係。要善於運用禮尚往來、承諾友誼等原則，在為客戶提供公司新產品、活動專案的經營情報的同時，還可以從客戶那裡得到很多有關其他公司的情報。

維繫好你手上的老客戶

最好的潛在客戶就是目前的客戶，你一直都有這種想法，那麼你一定會與客戶建立起長期關係。雖然所有的銷售人員最感興趣的就是發展新客戶，但是千萬不要忽視現有的客戶。與開發新客戶相比，維持老客戶付出的時間和精力相對會少一點，而且會更加合算一些。

有經驗的專業人員在穩定的老客戶身上能實現大部分的銷售額。因此，每一個優秀的銷售人員都需要發展自己的老客戶。但是，許多人想當然地認為老客戶就是自己的客戶，這是非常不正確的，因為你在尋找新客戶的時候競爭者也是這麼做的。

而且身為競爭者，你同樣會想盡辦法挖走對方的客戶。所以，你一定要提供比競爭對手更好的服務留住老客戶。

從現在開始，你應該對老客戶有一個新的了解，你需要定期檢查老客戶的情況，監視競爭對手的所作所為。競爭對手正以什麼樣的方法和你的客戶接觸？客戶的需求能否得到及時的調整？是否還有其他機會？付出甚至超過對待新客戶的努力，將能夠得到更多的回報。

1 關心老客戶，贏得終身客戶

贏得終身的客戶靠的不是一次重大的行動。要想建立永久的合作關係，你絕不能對各種服務掉以輕心。倘若你能夠做到這一點，客戶就會覺得你一定是個可以依靠的人，因為你能夠迅速地回電話，按要求發送商品

資料等。這些話聽起來非常簡單，而且做到「幾十年如一日」的優質服務並不是很複雜的事情，但是它卻需要一種持之以恆的自律精神。

無論你推銷什麼，優質的服務都是贏得永久客戶的重要因素。當你提供穩定可靠的服務，與你的客戶保持經常連繫的時候，無論出現什麼問題，你都能夠與客戶一起努力地解決。但是，如果你只在出現重大問題的時候才去通知客戶，那麼你就很難贏得他們的好感和合作。

銷售人員即便是直銷人員的工作也並不是簡單到從一樁交易到另外一樁交易，把所有的經理都用來發展新的客戶，除此之外還必須花時間維護好與現有客戶來之不易的關係。糟糕的是，很多銷售人員卻認為替客戶提供優質的服務賺不了錢。這種觀點似乎很普遍，因為停止服務可以騰出更多的時間去發掘、爭取新的客戶。但是，事實卻不是那麼回事。人們的確欣賞高品質服務，他們願意一次又一次地回頭光顧你的生意，更重要的是，他們樂意介紹別人給你，這就是所謂的「雪球效應」。

你應該記住：「服務，服務，再服務。為你的客戶提供持久的優質服務，使他們一有與別人合作的想法就會感到內疚不已。成功的銷售生涯正是建立在這類服務的基礎上的。」

2 防止老客戶的流失

銷售人員都會說老客戶非常重要，但在實際行動上卻往往草率從事，馬馬虎虎，怠慢老客戶。老客戶與你斷絕關係大半是因為你傷了對方的感情。一旦如此，要想重修舊好，要比開始時困難得多。

3 防止老客戶被對手搶走

你對老客戶的怠慢如果被你的競爭對手利用，你一定要將上述情況向公司主管彙報，研究相關對策。必須在競爭對手尚未公開取代自己之前，

想辦法把對方擠走。

當老客戶直接向我們攤牌，終止交易，這說明競爭對手已經牢固地征服了客戶，並完全取代公司了。

事情發展到這種地步，想要挽回已為時過晚，想立即修好恢復以往的夥伴關係更是相當困難了，這個時候惱羞成怒和對方大吵大鬧，或哭喪著臉低聲下氣地哀求都是下策，以雙方之間未完事項對對方出難題也不高明，被取代的理由不管有多少，歸根結柢都是銷售人員的責任。銷售人員要具有把被奪走的市場再奪回來的勇氣和戰鬥精神。

不要急於求成，採用以毒攻毒的辦法，如壓低價格和揭露競爭對手短處千萬使不得。聰明的辦法是坦誠自己的不是，並肯定競爭對手的一些長處，同時心平氣和地請求對方「哪怕少量的象徵性也成，請繼續保持交易關係」。在這種情況下，即使對方態度冷淡也要耐心地說服對方，自己要不動聲色的忍一忍。身為一名優秀的銷售人員，往往是在忍受屈辱的磨練中成長、成熟起來的。只要耐著性子，不知不覺使對方感到你的誠意，就能從競爭對手那裡扳回一城。

當自己的市場被競爭對手奪走時，必須從競爭對手那裡再奪回來，這是銷售人員責無旁貸的義務。雖然如此，一流的銷售人員應該做到防患於未然，而不是亡羊補牢。

想辦法消除客戶的退貨心理

客戶購買產品之後，又以產品不滿意為由，要求退貨，這對於銷售人員來說無疑是一個棘手的問題。出現這種情況，往往不是產品本身有問題，而大多數是客戶主觀臆斷的結果。因此也有不少銷售人員表現出強硬的態度，堅決不予退貨，結果常使雙方談話陷入僵局，致使客戶的退貨要

求更加強烈。其實這些直銷員的初衷並沒有錯，但是其做法確實不可取。想要消除客戶的退貨心理，銷售人員就應該端正客戶對產品的了解，使客戶對產品滿意，這就需要客戶掌握一定的方式方法來恰當地處理這種情況。

1 弄清客戶認為產品不好的原因

解決事物需要究其根本、探究原因，從事物根源上著手。客戶抱怨產品不好，也一定有原因。即便客戶要求退貨的原因是出於主觀，你也一定要搞清楚他們到底是怎麼想的，為什麼會這麼想。所以，你要多向客戶提問，並給客戶留下敘述觀點和意見的機會，請他們完整地表達他們的意思。在客戶敘述的過程中，你要做到認真傾聽，即便是客戶的觀點不合理，你也不要打斷客戶的談話，否則你就會給客戶留下不禮貌的印象。待客戶說完緣由後，你再根據具體情況做出相對的處理。

▶ **對產品的功能或品質懷疑**：客戶對商品的使用功能產生懷疑，一定是銷售人員在解說時未盡其意，所以受到不確定的心理影響，退貨的想法因而萌生。針對這個問題，銷售人員必須立即重新解釋，更正客戶先前錯誤的觀念以化解其疑慮，重新建立客戶對商品的信心。

▶ **對服務的態度不滿意**：售後服務是推銷商品的後續行動，也是下一次推銷的前置作業，如果服務的態度不佳，引起客戶的反感是必然的。通常，為了消除客戶不滿的情緒，除了道歉之外，還可以用贈與小紀念品的方式來喚回客戶的認可。

▶ **對價格很在意**：如果同一商品你賣得非常貴，顧客一定會有吃虧上當的感覺。對於類似的問題必須先徹底了解原因，是不是同行競爭產生降價行為，或根本是客戶得到的資料有誤。如果所言屬實，則應該立刻改善，以免損害商譽，否則就得不償失了。

2　在合理範圍內幫助客戶解決問題

任何工作都需要善始善終，銷售也不例外，銷售不是以成交為結束，銷售人員能夠善始善終地為客戶服務，才能真正贏得客戶的青睞。如果客戶拿回的產品符合退換貨的標準，銷售人員就要適當做出讓步，但應做到盡量換貨不退貨，從而保證銷售利益。

3　消除客戶對產品的不正確認知

有時，客戶認為產品不好，可能是因為自己的使用方法不當或是對產品了解不正確，曲解了產品。對於這種情況，銷售人員只要加以婉轉的說明，一般都是可以解決的。例如：客戶因為個人觀點過於局限，認為側背包顏色不好搭配衣服，銷售人員可以使用一些色彩搭配法則為客戶選出可以與側背包搭配的顏色，透過引導使客戶轉變認知，從而消除其對產品的不滿。

4　不要激怒客戶

如果客戶的退貨要求過於主觀，並且執意要退貨，你也不能言辭激烈地反駁，以免局面最終難以收拾。你可以透過引導的方式與客戶進行溝通。如果客戶仍然執意要退貨，那麼在准許的條件下，你可以改為換貨，並告訴客戶這是底線。如果客戶的情況不能換貨，你就要向客戶講明原因，誠懇地向客戶道歉，對於你的這種態度，一般通情達理的客戶都不會再繼續糾纏不放。

5 向客戶表示歉意

道歉是緩解緊張關係的好方法。如同一個人踩了另一個人的腳，一句「對不起」，就會得來一團和氣。在銷售工作中也同樣如此，不論造成雙方關係緊張的原因是什麼，銷售人員只要說一聲道歉的話，就能使氛圍立刻變得和諧起來。所以，對於這種情況你應該首先向客戶表示歉意，這會讓客戶的心情放鬆下來，從而更願意和你交談下去。

總之，銷售工作是以客戶滿意為前提的，無論客戶退貨的原因是在於產品本身還是出於主觀，銷售人員都要以良好的態度面對，並以盡己所能解決客戶需求為己任。銷售人員只要能夠做到上述幾點，一般都能解決好這些情況。

成交大師的口才訓練：

打理儀容 × 投其所好 × 交情投資 × 攀談策略，推銷不是只出一張嘴，還有很多你忽略的細節！

作　　者：徐書俊，馬銀春

發 行 人：黃振庭

出 版 者：財經錢線文化事業有限公司

發 行 者：財經錢線文化事業有限公司

E-mail：sonbookservice@gmail.com

粉 絲 頁：https://www.facebook.com/
　　　　　sonbookss/

網　　址：https://sonbook.net/

地　　址：台北市中正區重慶南路一段六十一號八
　　　　　樓 815 室

Rm. 815, 8F., No.61, Sec. 1, Chongqing S. Rd.,
Zhongzheng Dist., Taipei City 100, Taiwan

電　　話：(02)2370-3310

傳　　真：(02)2388-1990

印　　刷：京峯彩色印刷有限公司（京峰數位）

律師顧問：廣華律師事務所 張珮琦律師

定　　價：375 元

發行日期：2023 年 04 月第一版

◎本書以 POD 印製

國家圖書館出版品預行編目資料

成交大師的口才訓練：打理儀容 ×
投其所好 × 交情投資 × 攀談策
略，推銷不是只出一張嘴，還有很
多你忽略的細節！ / 徐書俊，馬銀
春著 . -- 第一版 . -- 臺北市：財經
錢線文化事業有限公司 , 2023.04
面；　公分
POD 版
ISBN 978-957-680-623-0(平裝)
1.CST: 銷售 2.CST: 銷售員 3.CST:
職場成功法
496.5　　112004390

電子書購買

臉書

獨家贈品

親愛的讀者歡迎您選購到您喜愛的書，為了感謝您，我們提供了一份禮品，爽讀 app 的電子書無償使用三個月，近萬本書免費提供您享受閱讀的樂趣。

ios 系統   安卓系統   讀者贈品

請先依照自己的手機型號掃描安裝 APP 註冊，再掃描「讀者贈品」，複製優惠碼至 APP 內兌換

優惠碼（兌換期限2025/12/30）
READERKUTRA86NWK

爽讀 APP

- 📖 多元書種、萬卷書籍，電子書飽讀服務引領閱讀新浪潮！
- 🎧 AI 語音助您閱讀，萬本好書任您挑選
- 🔍 領取限時優惠碼，三個月沉浸在書海中
- 🔔 固定月費無限暢讀，輕鬆打造專屬閱讀時光

不用留下個人資料，只需行動電話認證，不會有任何騷擾或詐騙電話。